AF610375

MAXIME DESCAMPS

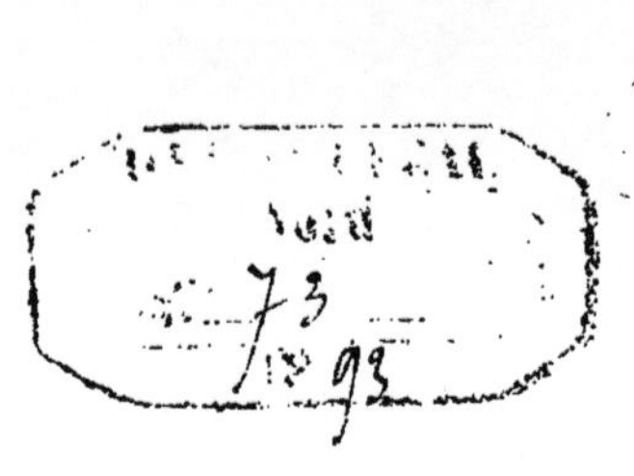

SOUVENIRS D'ESPAGNE ET DE PORTUGAL

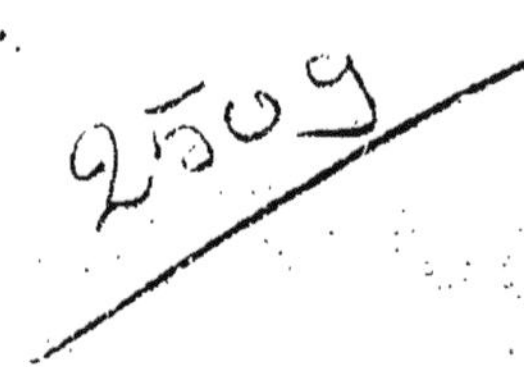

IMPRIMERIE L. DANEL

SOUVENIRS D'ESPAGNE

ET

DE PORTUGAL

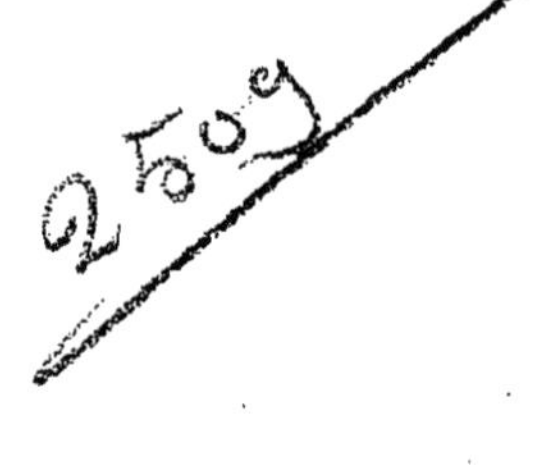

MAXIME DESCAMPS

SOUVENIRS D'ESPAGNE

ET

DE PORTUGAL

LILLE,
IMPRIMERIE L. DANEL

1892

C'est ton nom, chère Magdeleine, douce compagne de ma jeunesse, que je veux inscrire en tête de ces pages de souvenirs.

Elles rappellent un temps où le bonheur nous souriait. Les impressions qu'elles retracent nous furent communes; les belles choses dont elles parlent, nous les avons admirées ensemble. Et c'est toi qui m'encourageas à les écrire; et c'est encore toi, imprudente, qui me pousses à leur faire courir la dangereuse épreuve de l'impression.

Elles sont donc tiennes par plus d'un côté. Et comme je n'ai nulle sécurité sur le sort de ces feuillets intimes quand ils auront pris leur vol, je t'appelle à mon aide, chère sœur et amie.

Sous ta sauvegarde, il me semble que le risque est moins lourd à porter. Et l'on sera peut-être indulgent à l'auteur en faveur de celle qui l'a inspiré, qui l'a soutenu, et qu'il aime de tendre et fraternelle affection.

M. D.

SOUVENIRS D'ESPAGNE

ET DE PORTUGAL

I.

BARCELONE.

Le mardi 19 mars 1889, vers trois heures et demie du matin, je mis pour la première fois le pied sur le sol d'Espagne. C'était à Port-Bou, petite station frontière, postée aux dernières rampes des Pyrénées orientales. Nous venions de Marseille; et, pendant deux jours, alors que nous avions quitté Lille par un froid de décembre, la grande cité phocéenne, comme pour nous mieux faire apprécier les richesses de son port, l'animation de ses rues, la beauté de sa basilique, l'irradiante splendeur de sa Méditerranée, s'était parée de ce chaud soleil du Midi qui devait nous continuer ses faveurs pendant trois semaines consécutives.

Lorsque le train fit halte à Port-Bou, nous tirant de ce sommeil intermittent et troublé, spécial aux nuits passées en wagon, le jour ne se montrait pas encore. C'est à peine si dans l'obscurité une grande échancrure noire se dessinait sur le ciel, formée par les dernières Pyrénées. Il nous fallut changer de voiture. Les chemins de fer de la Péninsule ont en effet des voies un peu plus larges que nos lignes françaises, et notre train ne pouvait passer la frontière.

La douane fit, en outre, main basse sur nos bagages; l'un de ses représentants, déployant un zèle de gendarme, eut même la fantaisie de vouloir que nos couvertures de voyage fussent neuves, et par conséquent soumises à des droits d'importation; il fallut quelque effort pour lui faire passer cet étrange caprice.

Peut-être n'avait-il d'autre but, en le formulant, que de susciter chez nous l'idée d'une gratification libératrice; dans tous les cas, il en fut pour ses frais d'imagination, car nous n'étions pas encore au courant des usages d'un pays où tous les passe-droit du monde s'obtiennent sans vergogne, pour une « peseta » ou deux, souvent offertes avec quelque embarras, mais toujours acceptées sans la moindre gêne. Hélas ! notre apprentissage se fit promptement. . . . .

Pour quitter la petite station frontière, où les premiers mots d'espagnol avaient frappé nos oreilles, la pénurie des voitures nous força à nous séparer. J'allai pour ma part prendre place dans un compartiment où quatre gros méridionaux de Cette, marchands de vins qu'ils allaient acheter à Valence, causaient bruyamment de leurs affaires, dans le sonore et pittoresque jargon du Midi. . . . .

Lorsqu'il fit grand jour et que je m'éveillai d'un dernier somme, la voie ferrée, qui jusque-là avait longé la mer, commençait à s'en écarter pour rentrer en pleine Catalogne. La campagne, parsemée d'oliviers ou de bouquets d'arbres verts, était montueuse et assez bien cultivée. Mais notre train la parcourait avec une exaspérante lenteur : la vitesse maxima des chemins de fer espagnols ne dépasse guère en effet trente kilomètres à l'heure ; nous faisions pour la première fois l'épreuve de cette allure ridicule, qui offre comme agrément, quelque analogie avec le trot boiteux d'un cheval de fiacre. Supposez, en outre, pour continuer la comparaison, que votre cocher vous arrête tous les vingt pas : le train, de même, faisait régulièrement halte de quart d'heure en quart d'heure.

Les stations, ainsi rapprochées, n'étaient du reste que de misérables villages, à demi déserts, où l'on apercevait pourtant les premières traces de couleur locale dans le costume de quelques paysans, coiffés de bonnets de laine rouge, drapés dans de vieux tartans incolores, et chaussés d'espadrilles blanches. Mais dans chaque gare, si petite qu'elle fût, deux gendarmes veillaient sur le quai, silencieux et immobiles, l'arme au pied, conservant leur attitude de factionnaires jusqu'au départ du train. Deux autres avaient, dès la frontière, pris place dans un des wagons, sous forme d'escorte. Dans la Péninsule entière, toute station est gardée et tout convoi est accompagné de même, en souvenir sans doute d'un temps où les chemins de fer eux-mêmes n'étaient pas à l'abri des derniers bandits espagnols.

De loin en loin, nous traversions des cours d'eau, ou plus exactement des lits de cours d'eau ; car, aussitôt la frontière franchie, les rivières de Catalogne, fidèles à leur réputation, luttèrent à celle qui en conserverait le moins l'apparence, et ne se montrèrent plus que sous la forme de dépressions sablonneuses, soigneusement desséchées et à peine creusées de quelques pieds.

Parmi les localités disséminées le long du trajet, quelques-unes présentaient un curieux aspect d'ancienneté et de délabrement ; entre autres, Girone, et une bourgade solitaire, nommée Hostalrich, couronnant une hauteur, et encore enfermée dans la plus antique et la plus primitive enceinte féodale : de place en place, des tours rondes, en ruine, formant à peine saillie sur la muraille qu'elles ne dépassaient pas ; cette muraille elle-même, crevée en mille endroits de trous béants et irréguliers servant de fenêtres (quelles fenêtres !) aux maisons adossées à l'intérieur du rempart. Toute cette grande ruine avait un cachet très singulier.

En dépit de la curiosité première qui nous tenait en éveil à chaque pas sur ce sol nouveau, ce trajet, effectué avec une lenteur à laquelle notre patience n'était pas encore rompue, nous parut terriblement long. Enfin, vers les onze heures, le train nous déposa en gare de Barcelone.

Notre arrivée fut d'une gaîté de bon augure. Le temps était magnifique. Tandis que pour gagner l'Hôtel des Quatre-Nations, nous nous engagions sur une belle promenade plantée de palmiers, et qui longe le port, un général venait d'y passer des troupes en revue ; la musique militaire jouait, et il y avait foule pour l'écouter. Cette promenade, qu'on appelle le « Paseo de Colon » (ou avenue de Colomb) est séparée du port par les bâtiments, aujourd'hui abandonnés, d'un gigantesque Hôtel International, qu'on avait monté pour l'Exposition universelle de 1888 et qui en a eu le sort éphémère.

Un monument d'une grande richesse élevé à la gloire de Christophe Colomb, sur la Plaza de la Paz, ferme la perspective du paseo : des bas-reliefs, des groupes de victoires et de dragons de marbre et de bronze forment un beau piédestal à la colonne que surmonte la statue du grand navigateur.

Là commence la Rambla. Tout le mouvement de cette ville si active est concentré dans cette longue avenue de platanes, qui part du port et coupe en deux le vieux Barcelone.

Assez comparable, pour le rôle qu'elle joue, à la Cannebière de Marseille, la Rambla a de plus une longueur considérable et une pittoresque irrégularité. On y trouve les principaux hôtels, les restaurants à la mode, les cafés, les grands magasins, les banques, les théâtres. Les voitures, les omnibus, les tramways attelés de grandes mules circulent en tous sens sur des chaussées latérales, tandis que l'allée centrale, sous les vieux platanes, est réservée aux piétons.

A toute heure du jour, depuis le lever du soleil jusqu'après minuit, une foule extraordinaire s'y presse avec son cortège obligé de vendeurs d'allumettes et de crieurs de journaux ; foule bruyante, rieuse et bavarde, amusante à observer, qui entraîne et qui grise, étonnamment mélangée d'ailleurs. Les hommes du peuple, coiffés du bonnet catalan et chaussés d'espadrilles, se drapent dans des châles rapiécés et malpropres ; les femmes n'ont sur la tête qu'un foulard blanc ou jaune, plié en coin, et simplement noué sous le menton, ce qui leur donne un air un peu misérable. Les bourgeois, presque en totalité, portent la « capa », longue et ample pélerine à grand collet, ouverte sur le devant, en drap noir ou tabac d'Espagne, doublée sur les bords d'une bande de peluche de couleur vive ; c'est là une sorte de manteau national, uniformément répandu dans tout le royaume. Le côté droit en est rejeté sur l'épaule gauche, cachant le menton et la bouche, et donnant à tous ceux qui le portent l'apparence de mystérieux conspirateurs, ou simplement de gens qui grelottent.

Même à Barcelone, qui est cependant la plus cosmopolite des villes d'Espagne, les dames portant chapeau sont en minorité ; presque toutes, et parmi les plus élégantes, ont le bon goût de ne pas s'affubler des abominables créations de quelque modiste française, et portent avec une grâce exquise la légère mantille de tulle ou de dentelle, invisiblement fixée dans leurs admirables cheveux noirs, et venant se croiser sur la poitrine.

Je ne puis parler de la foule demi affairée, demi oisive, qui couvre cette curieuse Rambla, sans signaler les soldats de toutes armes qui s'y promènent toujours en grand nombre. Fantassins, soldats du génie, dragons, chasseurs à cheval, douaniers ont tous l'air de n'avoir rien à faire, et dès huit heures du matin, arpentent tranquillement la Rambla, en grande tenue, en fumant des cigarettes. Leurs uniformes, transformés depuis peu d'années, ressemblent beaucoup aux nôtres, qui les ont évidemment inspirés. Pour l'infanterie, l'analogie est frappante. Les cavaliers ont remplacé la pesante ampleur de nos pantalons de cuir par de véritables maillots à basanes. Tous portent des gants de laine d'un vert invraisemblable. Les sergents de ville ont le casque à pointe et de longues tuniques noires, ce qui les fait ressembler à de parfaits Prussiens.

Barcelone comprend deux villes distinctes : la vieille ville, aux rues étroites, tortueuses et serrées, aux maisons noires à six étages ; et la nouvelle, qui, tracée il y a quelque trente ans, occupe une surface décuple de la première, et aligne sur un territoire indéfini ses larges avenues entrecroisées en damier comme dans les cités d'Amérique.

C'est en errant au hasard dans la vieille ville que nous avons découvert successivement les arcades et les magnifiques parterres de palmiers et de bananiers de la « Plaza Real » ou place Royale ; les somptueux étalages de bijouterie de la rue Fernando, l'une des voies les plus suivies de Barcelone ; la place de la Constitution, où s'élèvent d'un côté les « Casas Consistoriales » ou palais municipal, et de l'autre le palais de la Députation provinciale, avec deux façades massives et sans grand cachet. Nous atteignîmes ainsi de brillants quartiers neufs, le « Paseo de Isabel », et les jardins de la défunte Exposition, promenade charmante, toute parsemée encore de pavillons, de fontaines et d'arcs de triomphe.

Là s'élevait, parmi toutes ces constructions hétérogènes, groupées au hasard, un panorama du Montserrat ; comme nous formions le projet d'en faire l'excursion le surlendemain, nous entrâmes afin de prendre un avant-goût de la chose : la vue qui se déroulait en apparence au pied de cette montagne et de son monastère historique, et que la toile rendait d'une façon remarquable, nous confirma dans notre désir d'aller bientôt en jouir réellement.

L'heure de la table d'hôte nous rappela à l'Hôtel des Quatre-Nations, et la fatigue des longs trajets des précédentes nuits abrégea fort notre soirée. Je me contentai de faire quelques pas sur la Rambla. L'animation y paraissait plus grande que jamais ; sous la claire lumière des globes électriques, la foule des promeneurs se pressait toujours serrée. Les façades des théâtres étaient illuminées et gardées par des policiers à cheval. Les théâtres sont très nombreux à Barcelone : on en compte une trentaine ; c'est plus qu'un chiffre de capitale.

C'est sur la Rambla qu'est situé le théâtre du Lycée, réputé le plus vaste du monde. J'en lus l'affiche ce soir-là ; elle portait en tête les singulières indications suivantes :

THÉATRE DU LYCÉE

TEMPS DU CARÊME

Aujourd'hui, Mardi 19 Mars 1889

Fête de Saint Joseph

LA REDOMA INCANTADA

féerie à grand spectacle, en 15 tableaux

corps de ballet de 40 danseuses, etc., etc.

Comment trouvez-vous cette manière de rappeler le Carême et le saint du jour sur les affiches de spectacle ? Quel rapport pouvaient bien avoir les ébats envolés de ces quarante ballerines avec les honneurs liturgiques dus à saint Joseph ? Mais cela ne choque point l'Espagnol : sa fervente piété, toute de forme, naïve et de composition facile, s'allie sans embarras à son ardeur pour le plaisir.

Notre journée du lendemain mercredi fut consacrée à la visite des principaux édifices barcelonais. Afin de nous mettre dans un satisfaisant état d'esprit et de corps, nous avions voulu préluder à cette tournée par un bain, et l'on nous avait indiqué de l'hôtel un établissement à cet effet. Le garçon qui, sur un signe, avait sans effort deviné le motif de notre visite, se mit à remplir à notre intention de belles baignoires de marbre blanc. Mais voici qu'au moment d'y pénétrer, nous nous aperçûmes que l'eau était absolument froide. Est-ce dans les habitudes du pays ? C'est possible, car on eut l'air de regarder la chose comme la plus naturelle du monde. Pourtant ni le local, ni la saison n'étaient guère appropriés à d'aussi fraîches ablutions. Nous nous récriâmes, répétant avec de grands gestes tour à tour persuasifs et suppliants : « Agua caliente ! agua caliente ! » et il nous fallut attendre un long quart d'heure pour obtenir un demi-pied d'eau à peine tiède.

Le nom de la première église que j'ai visitée à Barcelone m'est sorti de la mémoire. Elle s'élevait sur la Rambla : une obscurité presque complète régnait à l'intérieur et faisait tout d'abord nuit close pour les yeux éblouis par la lumière du dehors. Les parois de l'édifice, surchargées d'ornements et de dorures, étaient tapissées de marbres de toutes couleurs, d'une grande richesse. Sur les côtés, on voyait une série de petites chapelles grillées, renfermant des autels plus ornementés les uns que les autres ; et le maître-autel les dépassait tous en criarde magnificence. Au-dessus de ces chapelles, courait au premier étage une galerie circulaire que fermaient des balcons de marbre et des treillis dorés imitant d'une singulière façon des jalousies à demi soulevées. Comme toutes les autres églises d'Espagne, celle-là n'avait point de chaises, mais seulement de grandes nattes de jonc étendues sur les dalles, et où s'agenouillent les fidèles.

Nous gagnâmes, de là, la place de la Constitution. Au-delà des Pyrénées, la vie provinciale et l'autorité locale paraissent plus développées qu'en France, et c'est ce qui explique sans doute l'importance et la richesse de ces palais municipaux, régulièrement élevés sur l'inévitable « Plaza de la Constitucion », que possède la moindre bourgade espagnole. Les Casas Consistoriales de Barcelone, où siège l' « Ayuntamiento » (conseil communal) ne manquent pas à la règle.

L'extérieur, de mine peu avenante, prépare mal aux richesses du dedans ; car aussitôt le seuil franchi, on se trouve dans une cour intérieure très curieuse où prennent jour de hautes fenêtres ogivales. Un escalier d'honneur, tendu de tapisseries, conduit au premier étage et débouche dans une galerie à vitraux gothiques, où sont réunis de beaux portraits de tous les personnages célèbres, hommes d'État, guerriers et savants qui ont vu le jour en Catalogne ou à Barcelone même. Un cicerone nous ouvrit les appartements de cet hôtel de ville, les salons en enfilade, la salle des réunions du Conseil, la grande salle du trône, une ancienne chapelle sans doute, à en juger par son style et sa hauteur. Tous venaient d'être meublés depuis un an à peine, avec grand luxe, à l'occasion du séjour de la Reine Régente et du petit Roi Alphonse XIII, venant ouvrir l'Exposition universelle de Barcelone : tentures de damas de soie, rideaux et portières de peluche chatoyante, meubles de prix, admirables plafonds à caissons sculptés et dorés, rien n'a paru trop beau pour la souveraine ; et la municipalité a fait royalement les choses.

L'autre côté de la place de la Constitution est occupé par le palais de la Députation provinciale, qui renferme en même temps le palais de justice. Rien de saillant sur la façade moderne, sinon une statue équestre de saint Georges, en marbre blanc. Mais l'intérieur, par contre, présente des curiosités très remarquables.

C'est d'abord une large voûte écrasée menant à une cour à la fois Renaissance et gothique, avec un escalier au dehors et de ravissantes sculptures.

A l'étage, on nous conduisit vers une chapelle singulière par la hardiesse de sa structure : ses six voûtes, se courbant comme pour prendre appui, viennent converger au centre sur les chapiteaux de deux colonnes dont les fûts n'existent pas; et tout l'édifice se tient suspendu de la sorte, avec la plus étonnante audace. Les murs de ce petit sanctuaire disparaissent sous de magnifiques tapisseries à sujets mythologiques; et la porte monumentale en est admirablement sculptée. Dans une pièce attenante, on nous fit voir un gros missel du XVIe siècle, manuscrit et enluminé avec un art incroyable; et plusieurs autres ornements d'église, chefs-d'œuvre de broderie d'un prix infini.

Quant aux chambres des tribunaux civils et criminels, ce sont de belles salles anciennes, très élevées, tendues de tapisseries de Flandre. Tous les plafonds sont formés de ces caissons sculptés et dorés, dont l'art fut autrefois poussé si loin par les Espagnols, et dont nous devions par la suite de notre voyage retrouver en mille endroits de si magnifiques spécimens.

En quittant la place de la Constitution, c'est dans

les tortueuses ruelles d'un antique quartier que nous dûmes nous engager pour atteindre la cathédrale. Par une disposition fréquemment répétée en Espagne, un cloître y donne accès latéralement, très gracieux avec ses ogives légères et inégales, et entourant un bouquet de palmiers entremêlés de fontaines. Rien n'est joli comme ces promenoirs religieux, comme leur verdure, comme leurs arcades laissant voir un coin de ciel, comme leurs vieilles tombes frustes. Quelle mystique et charmante transition entre l'agitation profane de la rue et le recueillement de l'église !

La cathédrale de Barcelone, dès les premiers pas au-delà du seuil, fait d'abord frémir par sa prodigieuse hauteur : ses piliers de granit s'élancent du sol avec une extrême légèreté et vont, en s'épanouissant, former les nervures de la voûte. L'édifice date du XIIIe siècle, c'est-à-dire de l'époque du gothique le plus parfait ; mais, au dehors, demeuré inachevé, il n'offre à la vue qu'un informe amas de pierres. On nous apprit pourtant qu'un banquier barcelonais avait depuis peu fait don au chapitre de la bagatelle de deux millions pour la construction d'une façade digne de cette ravissante église : et effectivement les travaux de restauration et d'achèvement nous parurent, grâce à cet élan d'une générosité toute royale, poussés avec activité.

L'immense nef, à l'intérieur, n'est éclairée que par quelques vieux et beaux vitraux placés presque au sommet de la voûte; mais comme ce demi-jour recueilli s'accorde bien avec le charme tout religieux de l'architecture gothique! Le chœur, fermé par un jubé surchargé de bas-reliefs de marbre, est très vaste, et renferme une double rangée de stalles en bois sculpté, d'un prodigieux travail; chacune d'elles est surmontée d'un dôme et d'un clocheton fleuronné, et porte les armoiries des chevaliers de la Toison d'Or, que Charles-Quint y réunit autrefois en chapitre. Il est difficile de rien imaginer de plus fouillé que ces incomparables boiseries.

Un large escalier, descendant vers la grille d'une crypte, sépare complètement le chœur du maître-autel. Dans l'obscure profondeur, nous pouvions apercevoir la lumière tremblante de quelques cierges: c'est en effet à ce sanctuaire souterrain que sont confiés les restes de sainte Eulalie, à qui l'église est dédiée et que la Catalogne vénère pour sa patronne.

Comme nous sortions de la cathédrale, jetant de droite et de gauche un coup d'œil sur les dorures tourmentées des chapelles latérales, là comme ailleurs multipliées à profusion, on célébrait près du portique un baptême. La cérémonie avait attiré bon nombre de parents et d'amis, qui se pressaient autour du baptistère ; la marraine était d'une beauté toute andalouse, souriante et majestueuse sous sa mantille; quant au parrain, prenant ses fonctions tout à fait au sérieux, il tenait réellement dans ses deux bras tendus au-dessus des fonds, son filleul, nouveau-né microscopique, dont le prêtre, armé d'une énorme cuillère d'argent, inonda par trois fois la pauvre petite tête sous une douche d'eau froide. L'enfant fit des grimaces horribles. Le baptême achevé, les assistants défilèrent devant le parrain et la marraine ; on les félicitait, on leur serrait les mains avec toute espèce de démonstrations de bonheur ; les femmes s'embrassaient. Puis on sortit bruyamment de l'église ; et toute la compagnie (j'allais dire toute la noce) remonta en riant dans les voitures de remise qui l'attendaient devant le seuil.

Un curieux amas de vieilles constructions à demi ruinées avoisine la cathédrale, et comprend un musée archéologique assez riche en antiquités romaines, statues, inscriptions, mosaïques.

Notre après-midi débuta par une peu réjouissante visite, celle du Cimetière. Ce n'est certes pas l'une des moindres particularités de Barcelone, que ce cimetière auquel la comparaison d'une catacombe à ciel ouvert convient assez. Les larges allées en sont bordées de hautes et profondes murailles, dans lesquelles sont pratiqués jusqu'à cinq, six et sept étages de caveaux superposés, aux dimensions des cercueils ordinaires. En montant à l'échelle, on introduit les bières dans ces cavités. Celles qui sont occupées sont closes par une plaque de marbre blanc, où le seul nom du défunt est gravé, le plus souvent sans date. Celles qui sont vides n'ont qu'une cloison de ciment portant l'indication : « Propriedad de Don X... » Toutes sont ainsi retenues d'avance. L'occupation de ces caveaux est l'objet d'un loyer annuel ; et quand la famille du mort cesse d'en payer le prix, on enlève le cercueil qu'on transporte dans une fosse commune et la place passe à un nouvel acquéreur. De loin en loin, aux loges occupées, était accrochée quelque couronne d'immortelles, à demi-pourrie, avec un lambeau de crêpe noir qui voltigeait au vent : et nous nous sentions envahis de je ne sais quelle étrange tristesse, dans la navrante solitude de ces allées de mort, entre ces murailles pleines de cadavres, sans un ornement, sans un arbre, sans une fleur.

Au fond du cimetière s'étend un terrain spécial, fermé de toutes parts par un portique circulaire, et où les chapelles funéraires les plus fastueuses du monde s'élèvent sans transition à côté de toutes ces tombes d'une égale humilité. Là, par contre, les familles riches ont jeté l'or sans compter pour la dernière demeure de leurs morts : ce ne sont que luxueux oratoires, cénotaphes sculptés, colonnades, inscriptions, statues de marbre, où se déploie un art inouï. Puis, pour quitter cette nécropole des grands, on retombe brusquement dans les funèbres files des caveaux aériens. Quelle différence avec la religieuse mélancolie qu'inspirent nos cimetières ! Et quel sinistre aspect que celui de ces casiers à cadavres brutalement numérotés !

Nous avions hâte de revenir vers les vivants : la lumière après les ténèbres, l'air pur après l'angoisse d'une suffocation, procurent un soulagement semblable à celui que nous causèrent l'agitation des rues, le roulement des voitures, les mille bruits de la grande cité.

Nous nous fîmes conduire vers le Parc, au Paseo de Isabel, et dans les interminables avenues des nouveaux quartiers de Barcelone. Ce qui donne un certain cachet à toutes leurs hautes maisons, ce sont les escaliers en marbre blanc que partout on aperçoit par les grand'portes ouvertes, et qui sont tous d'un dessin élégant et artistique ; c'est là que chaque propriétaire met sa coquetterie.

Le premier en dimensions de ces vastes boulevards, est le Paseo de Gracia, qui ne dissimule pas ses prétentions à imiter les Champs - Élysées. Relié par la place de Catalogne à la Rambla, il la prolonge jusqu'au lointain faubourg de Gracia. On nous l'avait dépeint comme un endroit curieux, ce populeux faubourg ; mais nous n'y avons rien vu de bien digne de remarque, sauf dans la campagne plantée d'aloès et d'orangers, un certain nombre de villas blanches et roses, étagées vers les hauteurs, et qui, par leurs belvédères carrés, leurs couleurs claires, leurs toitures en terrasses, ont un certain aspect algérien.

J'ai bien peu, jusqu'ici, parlé de la mer. C'est qu'en effet, on ne la voit guère de Barcelone. Le port, encombré de vaisseaux, est fermé par des môles qui cachent l'horizon de toutes parts ; et de l'intérieur de la ville, rien ne rappelle le voisinage si proche de la Méditerranée. Il y a pourtant à Barcelone une population de plus de dix mille pêcheurs et marins ; mais ils habitent une sorte de presqu'île avancée qui forme une ville spéciale et qui a nom Barcelonnette. Un petit bateau à vapeur, faisant le service du port, nous y conduisit. Nous trouvâmes un long damier de ruelles croisées à angle droit, des chaussées infectes, des maisons basses et tristes, des grappes d'enfants loqueteux, grouillant dans les ruisseaux. Au-delà, sur un banc de fin gravier, la mer venait déferler, et de l'étroite plage, nous pouvions contempler, vers le nord, une jolie vue des côtes de Catalogne.

Ma journée s'acheva de la façon la plus agréable. Je m'étais souvenu très à propos d'un de mes camarades du Collège Stanislas, Henri P..., dont le père occupe à Barcelone la haute situation de Consul général de France. Un an auparavant, étant artilleurs l'un et l'autre, le hasard des étapes et de la vie de manœuvres nous avait réunis au Mans pendant quelques jours, cet ami et moi, et notre camaraderie y avait retrouvé un lien de plus. Je me fis donc indiquer le Consulat de France. A mon entrée dans les bureaux, une voix distraite, que je reconnus aussitôt pour celle de mon ami, demanda machinalement : — « Vous désirez, monsieur ?

Puis tout à coup, sur un ton de surprise, quand il eut levé les yeux sur moi :

— « Comment ! c'est toi ? Ici ? sans crier gare ? Mais d'où tombes-tu ? Est-ce que tu viens me demander de te rapatrier, par hasard ? »

Certes, je n'en avais pas la moindre envie. Je fus accueilli avec la plus charmante cordialité, présenté à M. P..., et invité à dîner pour le soir même.

A l'heure voulue, mon ami, qui était venu me chercher sur la Rambla, m'emmena donc tout au bout du nouveau Barcelone, presque à Gracia, dans une jolie avenue fermée où demeuraient ses parents. Je reçus un très aimable accueil de Mme P... qui, en habitant l'étranger, n'avait rien perdu de l'élégance et du piquant esprit d'une française et d'une parisienne.

Les mœurs d'Espagne, les habitudes locales, la société barcelonaise, les curiosités de Carthagène et de Cadix, où M. P... avait précédemment été consul, firent pendant la soirée l'objet de nos conversations; mais je ne pus les suivre que d'une façon intermittente, car une ravissante demoiselle espagnole, fille de voisins et d'amis, se trouvait parmi les convives; et je l'avouerai, ses cheveux plus noirs que l'ébène, ses sourcils de jais plus nettement arqués que par le pinceau, ses grands yeux brillants comme des escarboucles, me donnaient d'insurmontables distractions. Elle était vive, espiègle, bavarde et charmante; et parmi les fusées de son petit rire frais, dévidait les perles de sa langue si musicale, d'une voix pleine de jeunesse et de gaîté. Je me donnais au diable de ne pas la comprendre; et j'enrageais de voir qu'elle avait sur moi l'avantage de saisir une bonne partie de ce que je disais, quoiqu'elle affectât plaisamment d'ignorer le français. Elle s'appelait Lola; je le sus tout de suite, car les usages espagnols, moins guindés que les nôtres, veulent que les jeunes gens prennent très vite entre eux un libre ton de familiarité; et mon ami et elle, bien que n'ayant que les récentes relations d'un voisinage amical, s'appelaient sans façon par leurs petits noms.

On fit de la musique après le dîner. Un caprice cruel traversa le cerveau de la jeune fille, celui de m'entendre chanter. A ses instances, Henri P... vint méchamment joindre les siennes, se souvenant que jadis, dans la chapelle de Stanislas, j'avais parfois accompagné sa jolie voix de ténor de quelques notes plus graves. On chercha parmi les musiques, et d'un groupe joyeux de séguedilles, de valses et de boléros, on finit par tirer le Noël d'Adam, que l'on campa sans pitié sur le piano, avec ordre de m'exécuter.

Ah! ce ne fut pas long! l'effet fut promptement produit! Cette musique solennelle et lente, où le tambour de basque n'avait que faire, fut jugée insipide; Lola éclata de rire et me supplia de me taire aussitôt le premier couplet. Puis, sans autre transition et comme d'instinct, elle attaqua, sur le piano, les accords sautillants d'un air de danse nationale.

Je quittai à regret cette hospitalière maison, emportant le plus reconnaissant souvenir de mes hôtes d'un soir, et de l'accueil que j'avais reçu d'eux.

II.

LE MONTSERRAT.

L'EXCURSION du Montserrat nous fit quitter Barcelone, le jeudi 21 mars, à huit heures du matin, par la station de la Compagnie Madrid-Saragosse-Alicante. La journée promettait d'être radieuse, et tint jusqu'au bout sa promesse.

Après la plaine de Barcelone, couverte de grands aloès et d'oliviers moroses, la voie ferrée s'engage dans des collines arides et rougeâtres, entre lesquelles nous ne tardâmes pas à apercevoir la masse grise du Montserrat.

Cette montagne extraordinaire est comme une île de granit, jaillie au cœur de la Catalogne : elle ne se rattache à aucune chaîne, et sa structure lui est tout à fait spéciale. Élevée de douze à treize cents mètres, elle présente à son sommet un prodigieux amoncellement de cônes rocheux, qui affectent les formes les plus bizarres, et coiffent ce géant solitaire d'une cime dentelée et déchiquetée. Sur la face qui regarde la mer, la montagne est comme fendue en deux, dans le sens de sa longueur, de la base au sommet, enfermant ainsi un étroit ravin boisé, d'une pente extrêmement rapide. La légende locale veut que le cataclysme qui amena cette gigantesque rupture se soit produit au moment même de la mort du Christ sur la croix.

C'est en haut de ce ravin, entre les deux sommets du mont, qu'existe depuis l'an 880, un monastère de Bénédictins. Il y a mille ans qu'on y vénère une statue miraculeuse de la Vierge, sous le vocable de Notre-Dame du Montserrat. C'est resté depuis l'origine un but de pèlerinage très fréquenté, dont la notoriété avait dans le passé attiré sur le couvent des richesses considérables, et amené la formation d'un trésor qu'on disait sans égal au monde. Mais pendant la guerre de l'Indépendance, en 1808, les moines du Montserrat excitèrent et dirigèrent la révolte des paysans des environs ; leur monastère fut alors attaqué par les

Français, conquis, occupé militairement, et enfin incendié. Par les sentiers qu'avaient tracés les pèlerins, on hissa des pièces de canon, et la montagne sainte, après avoir été le refuge des envahis, devint une forteresse pour les envahisseurs. Au milieu des désordres de la guerre, le trésor disparut, pillé, dispersé, anéanti.

Telles sont les données historiques qui se rattachaient au but de notre excursion. A dix heures, le train nous arrêta à la gare de Monistrol, située à une lieue du bourg de ce nom. Un spectacle bouffon nous fit d'abord bien rire dans cette petite gare solitaire : deux paysans, chaussés d'espadrilles, affublés d'anciennes livrées de postillons et de chapeaux de toile cirée à rubans, se tenaient sur le quai, et affectant une attitude militaire, portaient sans rire, devant le train arrêté, deux vieux tromblons à pierre. Ainsi accoutrés, ces deux indigènes représentaient la force armée, et tenaient lieu des gendarmes réglementaires !

Au sortir de la gare qu'ils avaient charge de défendre, une patache délabrée, attelée de cinq mules à grelots, attendait les touristes. Comme nous étions à peu près seuls, trois d'entre nous prirent place dans une sorte de coupé ouvert, situé derrière le siège, et mon père s'assit devant nous, à côté du conducteur, un vieux rustre broussailleux, avec une barbe de loup de mer. Les mules partirent au grand trot, excitées par les cris et les appels de ce « mayoral » qui entretenait avec elles une conversation ininterrompue, dans la langue la plus bizarre du monde, faisant arrêter et repartir, ralentir et allonger, tourner de côté et d'autre ces intelligentes bêtes, rien qu'aux indications de la voix, sans une traction de rênes, chacune d'elles reconnaissant l'appel de son nom et secouant les oreilles comme pour répondre à l'avertissement.

A quatre kilomètres de la station, nous parvînmes aux bords du Llobregat, torrent qui, chose bien rare en Espagne, méritait d'être pris au sérieux, et avait de l'eau, une belle eau verte, tachée d'écume aux barrages et contre les rochers. Un pont de maçonnerie conduit sur l'autre rive et débouche à Monistrol.

Monistrol est un bourg bâti au pied du Montserrat et d'affreuse apparence, avec de hautes et misérables maisons, serrées les unes contre les autres, toutes éventrées d'un côté pour former à chaque étage des terrasses intérieures où sèchent les lessives. Les rues sont obscures, étroites et repoussantes. Heureusement nous n'y pénétrâmes point, la route ne faisant que contourner cette atroce bourgade, pour commencer aussitôt à serpenter en longs lacets sur le flanc de la montagne, ascension que nos mules entreprirent d'un pas sûr et courageux.

A la halte de Monistrol, un prêtre était monté dans la diligence et s'était assis entre mon père et le cocher. Au bout d'un instant, il interrompit la lecture de son bréviaire pour lier conversation avec nous ; c'était un prêtre de Prague, voyageant en curieux. Avec plus de fantaisie que de clarté, il mêlait, pour se faire comprendre, des bribes d'italien, des traces de français, des vestiges d'espagnol ; cela composait un langage baroque, impossible à saisir, mais qui lui parut suffisant cependant pour vouloir à toute force nous traduire, du latin de son office, la vie de saint Benoît dont c'était la fête ce jour-là. Je crois que nous n'aurions jamais abouti, au sein de cette confusion de langues, si je n'avais appelé à mon aide mes souvenirs de version latine et secouru l'infortuné narrateur dans sa traduction, qu'il embarrassait encore du récit de ses voyages.

Lorsqu'enfin notre abbé fut venu à bout de nous initier en quatre langues aux vertus de saint Benoît, comme l'heure s'avançait, nous pûmes, tout en cheminant au pas des mules, faire honneur aux provisions dont nous nous étions prudemment munis, et déjeuner peu commodément d'ailleurs, mais de grand appétit.

La route s'élevait peu à peu sur les flancs de l'énorme montagne, frôlant des blocs de rochers, et le sommet, dont nous nous rapprochions de plus en plus, nous paraissait à mesure plus effrayant avec ses cônes, ses pyramides, ses aiguilles de granit. Plus le chemin gagnait en élévation, plus le paysage gagnait en grandeur, au-dessous et autour de nous, et nous commencions à ne plus en détacher nos yeux.

Il était près de deux heures lorsque, contournant le dernier contrefort, et dominant tout à coup le ravin profond qui coupe en deux l'extrémité orientale du mont, la diligence nous arrêta au monastère.

Il y a là, dans un site sauvage et grandiose, sous l'imminent écrasement des roches du sommet, toute une agglomération de constructions, anciennes dépendances de la communauté, grands bâtiments neufs destinés sans doute à loger les touristes les jours de nombreux pèlerinages, restes ruinés et à demi éboulés des couvents antérieurs, quelques ogives légères d'un ancien cloître, enfin le monastère actuel, lugubre caserne en pierres rouges, sans aucun caractère. Ce monastère est aujourd'hui habité par une vingtaine de Bénédictins et des novices destinés aux missions.

L'église est grande, soutenue par des colonnes de marbre, mais très vide, très triste et n'offrant rien de remarquable. Un frère sacristain nous conduisit par un escalier qu'ornait une magnifique rampe de fer et de cuivre, à une sorte de chapelle ronde, très sculptée, située derrière le maître-autel, et là, nous découvrit la statue de Notre-Dame du Montserrat. L'antique image figure la Vierge tenant l'Enfant Jésus dans ses bras ; elle nous parut être de marbre noir, ou de quelque autre pierre de même aspect ; elle était revêtue d'un manteau de velours rouge brodé d'or, et portait une couronne dorée où des verroteries remplacent aujourd'hui les pierreries d'autrefois. Le sacristain nous poussa ensuite dans une soupente obscure, et eut la prétention de nous faire voir, à la lueur d'un rat de cave qu'il alluma, des vitrines d'ex-voto et des ornements d'église peut-être très beaux, mais dont nous ne pûmes absolument rien distinguer.

Sortis du morne couvent, nous gagnâmes sur le flanc des rochers, une terrasse ornée de vieilles statues mutilées, et appelée le Balcon des Moines. Là, un des plus beaux panoramas du monde s'étala sous nos yeux éblouis. Toute la Catalogne était au-dessous de nous, faisant onduler ses collines rougeâtres comme les vagues d'une mer pétrifiée. Les plaines se déroulaient à l'infini ; les villages devenaient des points. Monistrol, au pied du mont, n'apparaissait plus que comme un petit amas de cases minuscules, près de la ligne bleue gracieusement contournée du Llobregat. La route que nous avions suivie descendait les flancs de la montagne et s'engageait au milieu des campagnes plantées d'oliviers, comme un ruban blanchâtre aux capricieux lacets. Au nord, toute la chaîne des Pyrénées se détachait avec majesté vers le ciel ; elle était encore couverte de neige à cette époque et, sous un soleil éclatant, resplendissait de blancheur. A l'est et vers le sud, du côté de Barcelone que des hauteurs intermédiaires nous cachaient, nous apercevions au delà des terres l'horizon bleu de la Méditerranée ; et sur cet horizon, grâce à l'exceptionnelle pureté de l'air, nous pûmes même, à l'aide de nos jumelles, distinguer la silhouette grisâtre des Baléares, dont deux cent vingt kilomètres nous séparaient !

Hélas ! dès trois heures, la diligence repartait pour Monistrol : il nous fallut bien vite nous arracher à ce spectacle. Nous le quittâmes émerveillés, et pleins du regret d'un si prompt retour. La vraie manière de faire l'excursion du Montserrat est d'y consacrer deux jours, de coucher une nuit au monastère et de ne rentrer à Barcelone que le lendemain soir ; cela permet de jouir plus longtemps de l'incomparable panorama qu'on y découvre, et de faire en outre l'ascension de quelqu'un des sommets aigus de la montagne, pour atteindre les ermitages que des anachorètes construisaient jadis sur les flèches les plus hardiment escarpées de ce lieu sauvage.

Notre descente jusqu'à la gare de Monistrol s'effectua en deux heures, nos cinq braves mules étant de plus en plus harcelées par les cris et les excitations de leur mayoral. D'autres excursionnistes, qui avaient couché au Montserrat, prenaient en même temps que nous le chemin du retour, et l'on s'écrasait dans la branlante carcasse de la diligence.

III.

TARRAGONE.

Le vendredi 22 mars, nos dernières heures à Barcelone furent données à l'Audiencia ou palais de justice, dont j'ai parlé plus haut par anticipation, et au cloître Sainte-Anne, d'un gothique élégant et triste. Ce cloître est attenant à une petite église d'un plan bizarre, qui devait être jadis une chapelle de couvent. Après un déjeuner pris au restaurant de la Francia, dans un coin de la jolie place Royale, si égayée par ses palmiers et ses bananiers, l'heure du départ pour Tarragone arriva, et nous éloigna de l'attrayante cité de Barcelone.

La route, dans les environs de Coll-Bato, ne tarda pas à se rapprocher du Montserrat, mais sur la face opposée à celle que nous avions abordée la veille ; de ce côté sud de la montagne, la cime en paraissait encore plus fantastique et déchiquetée. Longtemps le géant de granit resta visible pour nous, dominant de toute sa masse au milieu du pays.

A Martorell, bourg situé près du Llobregat, on admire au passage un vieux pont très remarquable : c'est une arche de pierre, s'élevant en dos d'âne avec une inclinaison rapide au-dessus du torrent ; une petite construction s'appuie sur la mince arête que forment les deux rampes en se rencontrant. On fait remonter jusqu'aux Carthaginois l'origine de ce pont : sa forme antique rend l'hypothèse possible, et, pour un tel ouvrage, vingt siècles d'âge n'ont rien d'invraisemblable.

Sur l'une des deux rives, s'élève un petit arc de triomphe ; on le dit dressé à la gloire d'Hamilcar, père d'Annibal, pour le passage des armées puniques marchant à la conquête de Rome.

Dans la dernière partie de notre trajet, la route se rapprocha beaucoup de la mer, et finit même par longer la plage. A notre droite, sur le ciel bleu, se dessinait de temps à autre la silhouette gracieusement inclinée de quelques palmiers ; et la campagne était toute verte de caroubiers, d'oliviers, d'orangers couverts de fruits d'or.

Nous arrivâmes à Tarragone à deux heures. Cette ville, d'une fondation antérieure aux Carthaginois eux-mêmes, jouit, au temps des Romains et d'Auguste, d'une prospérité inouïe : ornée de palais de marbre, honorée du séjour des empereurs, elle compta, dit-on, jusqu'à un million d'habitants. Les guerres gothiques, les conquêtes arabes, les luttes du moyen-âge en amenèrent la déchéance. Aujourd'hui, ce n'est plus qu'un petit port de mer dont la population n'atteint pas vingt mille âmes. Mais même au sein de cette ville plusieurs fois détruite et relevée, les vestiges romains sont bien nombreux encore.

La cathédrale, qu'on atteint en grimpant de vieilles rues tortueuses, pavées de détestables cailloux, est gothique ; et, comme à Barcelone, l'extérieur n'en a pas été achevé. D'anciens vitraux en rosace éclairent les nefs d'un jour tamisé. L'ensemble de l'édifice nous parut lourd ; peut-être ce défaut tient-il au peu d'élévation relative des voûtes, qui n'ont pas le caractère élancé habituel à l'ogive. Partout la même profusion d'autels et de chapelles latérales ; quelques-unes sont vastes et riches de dorures et de marbres : mais datant d'époques diverses, elles enlèvent à l'église toute son unité.

Devant le jubé qui ferme le chœur, se trouve un beau tombeau moderne, élevé en 1835, après la violation des sépultures des anciens rois, à don Jayme Ier, roi d'Aragon, que ses victoires sur les Mores, au XIIIe siècle, firent appeler « El Conquistador » ou le Conquérant : c'est le héros de ces provinces.

Enfin, cette église renferme une merveille du plus grand mérite artistique, dans le retable de son maître-autel : il se compose de plusieurs rangées de médaillons d'albâtre dont les incomparables sculptures en bas-relief représentent des scènes de l'Écriture-Sainte.

Mais ce qui me reste surtout de la cathédrale de Tarragone, c'est le souvenir de son cloître. Un double rang de colonnettes de marbre, dont les chapiteaux tous variés sont ciselés d'exquise manière, en soutient les légers arceaux gothiques. Chaque grande ogive comprend elle-même trois arcades cintrées et surmontées de rosaces. Nous nous sentions émerveillés en parcourant cette ravissante galerie, qui s'ouvre sur le transept de l'église et s'égaye par les buissons de verdure qu'elle entoure. On nous a dit depuis que l'on considérait généralement le cloître de Tarragone comme un des plus beaux de l'Espagne ; cela ne m'étonne point, et, pour tous ceux que j'ai vus, je m'associe à ce jugement. Il me paraît difficile, en effet, de rien voir de plus gracieux et de plus complet dans le genre.

A la sortie de la cathédrale, nous avons, conduits moyennant finances par un sergent de ville, gagné la « Plaza de la Fuente » ou « de la Constitucion », la principale de Tarragone, où est situé le Musée archéologique. On a réuni dans ce musée une riche collection de souvenirs romains, urnes et poteries, statues de dieux et bustes d'empereurs, chapiteaux et mosaïques, lampes et médailles, bronzes et marbres, dont l'abondance ne surprend pas dans une ville jadis nommée la Rome Ibérique. Une vitrine du musée conserve l'épée de don Jayme Ier d'Aragon. Dans une autre, on voit une image réduite d'une pompe gigantesque, œuvre ingénieuse des anciens Romains, et qui allait puiser de l'eau potable à cinquante-quatre mètres au-dessous du sol de la ville. Il paraît que, au commencement du siècle, pendant la Guerre de l'Indépendance, lorsque les Français qui assiégeaient la ville eurent coupé l'aqueduc qui y amenait l'eau des montagnes voisines, les Tarragonais découvrirent par hasard, au milieu même de cette Plaza de la Fuente, l'ancien puits romain depuis longtemps abandonné et dont le mécanisme, remis en état, fonctionna encore pendant quatre ou cinq ans.

Comme nous observions ces antiques débris, et

que, seuls visiteurs du musée désert, nous épuisions notre mince bagage d'espagnol à en traduire les notices, une faveur du hasard nous fit rencontrer un monsieur qui, par esprit de compassion, nous vint en aide, et nous aborda dans le français le plus pur et le plus correct. Nous crûmes avoir affaire à un compatriote. Il n'en était rien : notre interlocuteur avait passé à Paris toutes ses années d'étude et de jeunesse ; mais il était Espagnol, membre de la Société archéologique de Madrid, voyageait en archéologue, et paraissait passionné pour sa science. Il nous donna avec beaucoup d'obligeance de précieuses indications, et invités par lui, nous l'accompagnâmes avec un gardien du musée dans une promenade sur les anciens remparts de Tarragone.

La ville, en effet, possède encore du côté de la terre une partie de ses murailles d'autrefois. L'antiquité en remonte à des époques étonnamment lointaines, puisque les parties les plus récentes, c'est-à-dire le couronnement en créneaux et une belle tour carrée, sont l'œuvre des Romains, sous le règne d'Hadrien. D'autres portions du mur d'enceinte portent sur chacune de leurs pierres, rendu fruste par le temps, un signe de l'alphabet des Ibères ou Celtibères, population bien antérieure aux Romains. Enfin, la base de ces murailles, plus ancienne encore, est un des rares ouvrages cyclopéens qui soient parvenus jusqu'à nous ; sur une hauteur de trois ou quatre mètres, elle est formée d'énormes blocs de roche superposés et qu'aucun ciment ne relie entre eux ; pierres informes détachées on ne sait de quelles montagnes, apportées là on ne sait comment, et qui, pour être ainsi régulièrement placées les unes au-dessus des autres, à une époque très primitive où les moyens mécaniques faisaient à coup sûr absolument défaut, ont dû exiger les forces inconcevables d'un peuple de géants. C'est sur ces assises formidables, épaisses peut-être de sept à huit mètres (autant que nous avons pu en juger par une porte qui les traversait), que les Ibères et les Romains sont venus par la suite édifier leurs murailles plus élevées. Dans le corps de ces murailles, on remarque les traces d'une brèche qu'y fit le choc d'un bélier dans quelque siège antique, et qu'ensuite on répara.

Du haut couloir gazonné qui longe ces remparts vénérables, devenus propriété de l'État, et maintenus par des clôtures à l'abri des dégradations, on domine la campagne de Tarragone. Au-delà d'une colline peu éloignée, subsistent, nous dit-on, les ruines bien conservées d'un aqueduc romain.

Au retour de cette intéressante excursion archéologique, qui se prolongea jusqu'au coucher du soleil, nous prîmes congé de notre aimable savant franco-espagnol : et l'aiguillon de l'appétit nous mit bientôt à la recherche de l'Hôtel de Paris. Nous le trouvâmes sur la Rambla, avenue déserte et banale, qui n'a de commun que le nom avec celle de Barcelone. La « fonda » était propre et avenante. Nous ne devions cependant pas y coucher, mais prendre à onze heures de la nuit le train de Barcelone à Valence. La correspondance nous occupa dans le salon de l'hôtel, jusqu'au moment de nous mettre en route pour la gare, située dans la ville basse et aux environs du port. A peine y étions-nous arrivés, qu'un orage formidable, préparé par la chaleur de la journée, éclata ; c'est sous un déluge que le train fit halte un instant, et non sans peine que nous y prîmes place parmi les voyageurs endormis.

IV.

VALENCE.

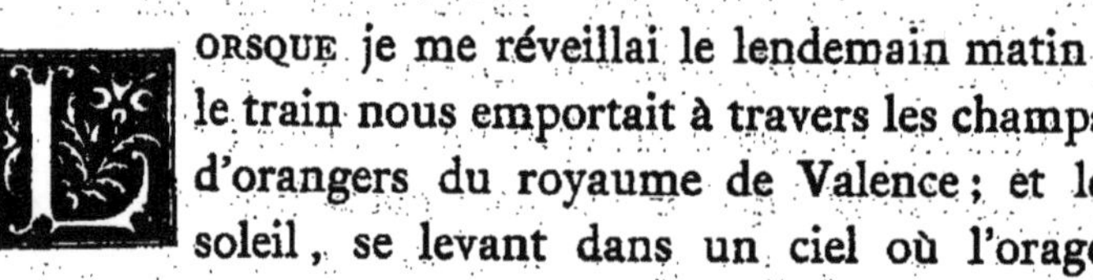

Lorsque je me réveillai le lendemain matin, le train nous emportait à travers les champs d'orangers du royaume de Valence ; et le soleil, se levant dans un ciel où l'orage de la nuit n'avait pas laissé la moindre souillure, éclairait une campagne d'une admirable richesse.

Vers neuf heures, Valence nous apparut ; la première chose qu'elle nous montra, aux abords de la station, fut la « Plaza de Toros », vaste arène à quatre rangs d'arcades superposées, rappelant le Colysée romain. L'omnibus de la Fonda de Paris nous prit au débarcadère et s'engagea aussitôt dans un dédale de petites rues encombrées. La ville, en effet, bien que comptant plus de cent mille âmes, n'a que des voies irrégulières et exiguës, et point de grandes artères qui centralisent le mouvement. Mais, malgré l'étroitesse du passage, nos regards furent, dès ce premier trajet, attirés un instant par une grande façade ancienne, toute de marbre blanc, et ornée à profusion de sculptures et d'ornements en rocaille : c'était, nous a-t-on dit, l'hôtel du marquis de Dos Aguas.

Elle laissait bien à désirer comme confortable et comme propreté, cette Fonda de Paris où nous étions descendus. Mais il n'y avait pas à faire les difficiles, ni à chercher ailleurs ; c'était la seule de Valence qui fût habitable ; force nous fut de nous en contenter. Nous n'avions d'ailleurs qu'une nuit à y passer.

Valence, ce matin-là, était fort animée : c'était jour de grand marché. Sur la vaste place du « Mercado » et dans les ruelles qui y aboutissent, il y avait une foule bruyante et bariolée ; des cris de marchands, des rires de femmes, des braiements d'ânes remplissaient l'air d'un bruit assourdissant. Les ménagères allaient et venaient, les mains pleines, emportant des volailles vivantes, ou soulevant des corbeilles de paille tressée. Les marchandes, ambulantes ou fixes, débitaient toutes les denrées de la création, des fèves, des petits pois et quantité d'autres légumes qui chez nous, à pareille époque, ne sont même pas encore des primeurs, et là-bas, sous le brûlant soleil d'Espagne, commençaient déjà leur pleine saison.

La diversité des costumes donnait à cette foule affairée, une note très pittoresque. Du côté féminin, les chapeaux se faisaient plus rares que jamais, on n'en voyait pas ; à Valence, en effet, la légère mantille noire est générale pour les dames, de même que le foulard aux teintes vives, noué sous le menton, pour les femmes du peuple. Les hommes ont des airs farouches, des yeux enfoncés, des figures sèches et mauvaises ; ils portent des culottes courtes, de larges ceintures à la taille, des châles de gros drap frangé jetés sur l'épaule, et autour de leur tête rasée un foulard serré sur les tempes, laissant un coin flotter sur le cou.

La façade gothique, plate et crénelée de la « Lonja » ou Bourse des marchands (principalement des marchands de soie), s'élève sur ce Mercado si bruyant. Le monument ne comprend qu'une vaste salle d'un style ogival assez particulier, et dont les voûtes reposent sur vingt-quatre colonnes torses, très élevées, qui s'épanouissent comme des palmiers en fines nervures, et forment un ensemble d'une légèreté extrême. La Lonja s'éclaire sur une cour plantée d'orangers et de citronniers, où d'autres bâtiments prennent aussi leur jour ; les façades en sont sculptées avec art, et un curieux escalier de pierre, parallèle aux murailles, monte de l'extérieur au premier étage.

Le hasard de notre promenade nous conduisit au seuil de « Santa Catalina », l'une des cent et quelques églises et chapelles qui se côtoient dans la pieuse ville de Valence. Elle est ornée avec ce goût détestable qui, depuis la Renaissance, est le propre de l'art espagnol, et qui consiste à surcharger plafonds et murailles, depuis la clef de voûte la plus élevée jusqu'à la dalle la plus obscure, d'ornements contournés, de rinceaux massifs, d'anges et de figures peintes, de dorures, de grisailles, de fresques ; fouillis informe qui fatigue l'œil et ne lui apporte aucun plaisir, malgré tant de talent en pure perte dépensé. Ce genre porte l'épithète de plateresque. Santa Catalina possède une tour élevée, dont le campanile fait assez bonne figure dans le panorama de Valence.

La tour de la cathédrale est plus massive : elle est octogone et offre une particularité puérile sur laquelle les guides ne manquent pas d'insister : sa hauteur, de quarante-cinq mètres, est égale à la circonférence de sa base. L'intérieur de l'église est très vaste ; mais, toujours pour les mêmes raisons, déplaît par l'excès de son ornementation alourdie. Un grand chœur avec stalles remplit le centre de la nef. Le maître-autel, noyé dans les colonnes torses, les rinceaux et les rocailles de toute espèce, parmi lesquels brille comme une relique l'écu de guerre de don Jayme d'Aragon, a six panneaux de peintures pour retable. Autour de l'église, règne une suite ininterrompue de ces chapelles grillées, parfois très riches, de toutes dimensions et de tous styles : on en a mis dans tous les recoins, dans les bras du transept, sous le maître-autel, dans la muraille du chœur, partout enfin où cela a été possible ; frappé de cette profusion, j'en ai compté jusqu'à quarante-six, et plusieurs sont de véritables églises greffées sur la principale. Enfin, l'objet artistique le plus remarquable de la cathédrale est le « trascoro » ou face du jubé, formé d'antiques bas-reliefs de marbre blanc, tout jaunis par le temps.

A l'« Audiencia » ou palais de justice, on nous guida dans trois salles anciennes, qui sont une des belles choses de Valence. Deux d'entre elles, profanées par des bureaux, stupidement coupées par des cloisons, ont sauvé du vandalisme administratif d'admirables plafonds de bois à compartiments dont les ciselures n'ont rien perdu de leur finesse, ni les dorures de leur éclat. La troisième salle, plus respectée, est celle où jadis se réunissaient les Cortès du royaume de Valence : c'est une merveille. Son plafond élevé ne le cède en richesse à aucun autre. Ses lambris, ses volets, sa corniche, une étroite galerie qui en fait le tour, les consoles qui la soutiennent, sont d'un bois rouge sculpté avec un art sans égal; et tous les murs sont peints à fresques par un peintre du XVIe siècle, qui y a représenté les membres de l'assemblée d'alors.

Telles furent nos premières investigations dans la ville que gouverna Rodrigue, la « Valencia del Cid ». Nous étions de retour à l'Hôtel de Paris lorsque les sons joyeux de la musique militaire et les sonneries de clairons éclatèrent sous nos fenêtres : deux régiments d'infanterie défilèrent l'un après l'autre en tenue de campagne, avec armes et bagages, musique et drapeau. Les fantassins espagnols ont toujours eu la réputation d'être de solides guerriers et des marcheurs infatigables; mais une chose m'étonna chez ceux-là, ce fut de les voir tous, hormis les officiers, chaussés d'« alpargatas », c'est-à-dire de cette espadrille rudimentaire des hommes du peuple et des paysans, simplement formée d'une semelle de jonc tressé, que des cordons noirs relient au cou-de-pied. En temps ordinaire, ils ne portent cependant pas d'autres souliers que les nôtres, et il est assez original de voir cette primitive chaussure uniquement conservée pour l'équipement de guerre de l'infanterie. Elle est complétée par des guêtres de drap noir, qui s'arrêtent à la cheville et, prenant le bas du pantalon, enferment le mollet jusqu'à mi-jambe.

A mes questions au sujet de ce défilé insolite, il me fut répondu qu'on rassemblait ce jour-là, dans une plaine aux environs de Valence, tous les corps de troupes de la ville et des garnisons les plus voisines, au total, de sept à huit mille hommes, pour une petite guerre improvisée. Je saisis sur le champ cette occasion imprévue d'assister à des manœuvres espagnoles ; et m'efforçant d'exciter la curiosité de mes compagnons que la même ardeur militaire n'enflammait pas, je les entraînai à la suite des régiments. Non pas à pied, car l'expédition devait être assez lointaine; mais dans un des plus singuliers véhicules usités sur terre, dans une « tartane ».

La tartane, heureusement pour le reste des humains, est spéciale à Valence et à ses environs ; mais là, elle règne souverainement et ne souffre point de rivales. Sa forme est celle d'un break à six places, dont la caisse se balance agréablement entre deux grandes roues, et dont le toit s'évase, puis s'arrondit, à la manière de certaines arcades moresques. Cette charrette baroque ne s'attelle qu'à un cheval, et n'a point de siège pour son cocher : celui-ci s'assied tout bonnement sur le brancard de droite, et s'accouderait au besoin sur la croupe de sa bête. Indifféremment voiture de maître ou chariot de transport, la tartane, dans ce dernier cas, n'a pour tout plancher que les profondeurs ballottantes d'un paillasson demi-cylindrique, qui frôle la terre, et elle paraît alors affectionner comme attelage, la file bizarre d'un âne, d'une mule et d'un cheval, se suivant par rang de taille. Notre tartane, étant destinée à voiturer des humains, s'était contentée d'un cheval ; et elle avait pour cocher une sorte de colosse aussi bon de regard que carré d'épaules, quelque Galicien sans doute (les Auvergnats de l'Espagne), qui secouait le véhicule et le faisait gémir chaque fois qu'il s'asseyait sur son brancard. Heureusement pour nous, il baragouinait un anglais à peu près intelligible, ce qui nous permit d'entrer en rapport avec lui et de profiter de ses indications.

Il nous fit sortir de Valence par une ancienne porte flanquée de grosses tours crénelées, où le canon des guerres civiles du siècle a laissé plus d'une trace. A peine l'avions-nous dépassée, que, en dépit du pas prudent conservé par notre cheval, nous commençâmes à nous sentir impitoyablement cahotés, balancés de droite et de gauche, jetés les uns sur les autres. Qu'arrivait-il ? Sans doute quelque mauvais passage à franchir ? Hélas ! non : cette navigation devait durer trois heures ! La route, en effet, défoncée comme à plaisir, n'était qu'une suite innommable de trous et d'ornières ; nous ne roulions cependant pas dans quelque chemin de terre, dessiné au hasard à travers champs, et ravagé par les charrois et par les pluies, mais bien sur une grande route nationale de la première importance comme voie de communication, couverte de convois de toute nature, et aux portes mêmes d'une ville de cent mille âmes ! Il paraît qu'elle n'est pas la seule que l'incurie des pouvoirs publics et le vide du Trésor d'Espagne laissent dans un aussi lamentable état.

Pour compléter le charme, le sol primitif de cette route houleuse, vierge de tout cantonnier, avait depuis longtemps disparu sous une couche de poussière d'un pied d'épaisseur, poussière fine et presque blanche que la brise et le pas des chevaux maintenaient en permanence à l'état de nuage, et qui, à plus de cent mètres de chaque côté de la route, avait tout recouvert, le sol et l'herbe des champs, les murs et les tuiles des maisons, le tronc et les feuilles des arbres, d'un badigeon gris absolument uniforme. Il y avait là, parmi les victimes de cet atroce voisinage, une belle maison de campagne entourée d'un jardin de palmiers et de plantes rares, où l'implacable acharnement de la poussière n'avait pas laissé un pouce carré de verdure.

Après trois quarts d'heure de roulis dans ce paysage en camaïeu, au milieu d'une atmosphère âcre et poudreuse, la tartane atteignit un village où il nous fut donné de nous reposer quelques minutes de son insupportable cahotage. Ici, plus de ces affreuses maisons à quatre ou cinq étages, comme en Catalogne ; mais, au contraire, de petites constructions basses, blanches et proprettes, ayant pour la plupart autour des portes un encadrement de carreaux de faïence peints d'arabesques ou figurant grossièrement, sur les façades nues, des scènes de la Passion, comme les fragments disséminés d'un naïf chemin de croix.

Ce village avait une grande place dallée et surélevée, où chaque année, paraît-il, se tient un marché aux blés d'une exceptionnelle importance ; et les sous-sols de cette place, fermés comme des caveaux, par d'énormes pierres cadenassées, sont toujours, nous a-t-on dit, remplis de grains en réserve. Non loin de là, des cavités creusées sous terre dans une roche tendre, peut-être quelque ancien cimetière arabe, abritent de nos jours encore des familles de paysans ; nous descendîmes dans une de ces habitations souterraines : l'intérieur en était blanchi, assez propre, et moins triste qu'on pourrait le penser.

La plaine choisie pour le terrain des manœuvres était située à quelque distance de ce village ; et des pentes qui la dominaient, la foule curieuse, attirée de Valence, pouvait à merveille saisir l'ensemble des mouvements.

Quand nous y arrivâmes, les régiments débouchaient de toutes parts. Des colonnes d'infanterie s'engageaient dans les bruyères, s'y déployaient et ouvraient le feu sur un ennemi supposé. En arrière deux batteries d'artillerie de campagne prenaient position sur une hauteur dominant le champ de bataille, et bientôt firent tonner toutes leurs pièces, tandis que de l'artillerie de montagne, portée à dos de mulets et plus mobile encore, avait suivi l'infanterie dans ses évolutions. Enfin, en réserve et abrité, un très beau régiment de lanciers bleus, aux casques étincelants, manœuvrait en attendant le moment d'entrer en scène, et faisait flotter au vent ses petites flammes jaunes et rouges.

L'action imaginaire consistait en une marche en avant de l'armée espagnole, obligée ensuite de se replier et de battre en retraite devant un ennemi supérieur ; c'est alors que les lanciers vinrent prendre leur part du combat, et pour changer la reculade en victoire, chargèrent par deux fois au grand complet, avec un bruit de tonnerre et une fougue magnifique. Toute l'armée repartit en avant : les colonnes d'infanterie s'élancèrent au pas de course, la mousqueterie redoubla et l'invisible ennemi fut irrémédiablement écrasé. Pour couronner cette victoire, l'artillerie et la cavalerie défilèrent au trot devant l'état-major qui avait dirigé les opérations, tandis que les régiments de ligne disparaissaient un à un sur le chemin de leurs cantonnements.

Le retour à Valence fut épique : la foule commença par assaillir un train de banlieue qui partit avec le toit de ses wagons couvert de voyageurs, et des grappes humaines accrochées à tous ses marchepieds. Quant aux voitures, elles prirent la file derrière les fourgons d'artillerie et entre des haies de fantassins, sur la même route infernale qui nous avait amenés ; notre tartane maudite nous secoua plus cruellement que jamais ; des chevaux s'emportèrent, des mulets tombèrent, des chiens furent écrasés. Oh ! la charmante équipée !

Enfin, après avoir cru ne jamais arriver, nous atteignîmes Valence à la chute du jour, et nous nous fîmes encore conduire au « Paseo de l'Alameda », belle promenade où les équipages élégants et les plus riches livrées se donnent rendez-vous chaque soir après cinq heures. L'Alameda s'étend sur la rive gauche du Guadalaviar ou Rio Tinto ; Valence au contraire est construite tout entière sur la rive droite de ce fleuve qui, malgré la majesté de son nom, se contente cependant, comme beaucoup de ses confrères d'Espagne, d'un large lit sablonneux, sans aucune profondeur, où serpentent quelques filets d'eau jaunâtre. Cinq ponts de pierre relient les deux rives ; ceux qui marquent les extrémités de l'Alameda, sont ornés de statues de saints placées sous de gracieuses coupoles de marbre blanc : un troisième est fermé du côté de la ville par les grosses tours polygonales d'une porte ancienne.

Une route bordée de châlets et de jardins, mais presque aussi raboteuse et défoncée que celle du champ de manœuvres, prolonge l'Alameda, et, descendant le fleuve, conduit au port de Valence, car la ville est distante de la mer d'environ une lieue. Nous nous y rendîmes le lendemain matin. Le ciel n'avait rien perdu de sa pureté, ni l'air de sa douceur. Jaloux des orangers et des palmiers dont l'impérissable verdure ombrageait les villas environnantes, les platanes de la route montraient leurs premières feuilles. C'était pour nous une délicieuse journée de printemps, et cependant des Valenciens nous avaient déclaré la veille que c'était le premier jour de l'année où il fît vraiment froid ! Heureux pays s'il n'a jamais que de pareils hivers !

Un bourg de pêcheurs, appelé le « Grao », avoisine le port qui n'a guère de profondeur, ni, par suite, d'importance maritime. Toutefois quelques vapeurs et un grand nombre de petits voiliers, affectés à la pêche ou à l'exportation du liège et des oranges, étaient rangés le long des quais. Parmi eux se tenaient à l'ancre deux jolis et minuscules garde-côtes de la marine royale, plus semblables à des yachts de plaisance qu'à des navires de guerre ; et sur leurs ponts bien propres, bien nets, bien astiqués, les officiers du bord faisaient passer à l'équipage la revue du dimanche matin.

L'heure de la messe, qui nous rappela en ville, donnait aux rues de Valence un aspect très particulier. Rien de pittoresque, en effet, comme les dames espagnoles qui se rendaient à l'église, toutes vêtues de noir, la taille cambrée, l'air digne et souriant à la fois sous leur mantille de dentelle, leur chapelet de nacre enroulé comme un bracelet autour du poignet ; à la main, un grand livre d'heures à fermoirs d'argent, en même temps qu'un petit pliant de velours noir qui devait leur servir de chaise sur les nattes de l'église. Toutes avaient le visage couvert de poudre de riz, les sourcils bien arqués, les lèvres d'un rouge vif, les yeux les plus beaux du monde.

La porte de la chapelle où nous les suivîmes était, comme celles de toutes les églises d'Espagne, encombrée de mendiants, vieillards infirmes drapés dans des loques roussâtres, horribles vieilles accroupies dans des coins sombres. La mendicité a pris en Espagne un effrayant développement : on ne peut faire dix pas dans les rues sans être assailli par des enfants qui vous poursuivent avec des paroles suppliantes, par des femmes portant des nouveau-nés, par des joueurs de guitare, par des aveugles, par des vieillards décharnés, par des monstres étalant au grand jour leurs hideuses difformités ; et tous tendent les mains au passant et s'accrochent à lui, en répétant à l'infini, d'une voix lamentable, leur phrase toujours la même :

« Señorito ! señorito ! una limosna por el amor de Dios ! »

C'est une plaie ! Les mendiants sont nombreux à Valence à ce point qu'un jour par semaine et une somme limitée ont dû être fixés une fois pour toutes, dans chaque maison particulière, pour la distribution des aumônes : et comme le samedi était le jour choisi par notre hôtel, c'est par bandes entières que nous avons pu voir ces malheureux êtres hâves et déguenillés sur le seuil de la porte, comme une procession de misère.

V.

CORDOUE.

Nous quittâmes Valence le dimanche 24, à deux heures après midi, avec la hâte de fouler le sol de l'Andalousie et d'atteindre Cordoue, notre première étape sur cette terre promise.

Jusqu'au soir, nos yeux ne purent se lasser des immenses plantations de citronniers, d'orangers et de palmiers qui couvrent les riches plaines du royaume de Valence. Aux gares que nous traversions, toute la population des bourgades voisines se trouvait réunie; cette affluence insolite et partout répétée, avait lieu de nous surprendre, et nous fit même croire un instant que nous voyagions avec quelque personnage en renom. Il n'en était rien : dans ces pauvres trous perdus, la principale distraction du dimanche consiste à venir voir passer le train, l'unique train la journée, ou peu s'en faut !

Après un arrêt au buffet de La Encina, la nuit tomba brusquement, et nous prîmes nos dispositions pour la passer le moins mal possible. Mais vers une heure du matin, il nous fallut changer de voiture à Alcazar, et reprendre la ligne de Madrid à Séville.

A notre réveil, le train venait de passer les défilés de Despeña Perros, dans la Sierra-Morena ; il descendait encore les pentes de cette chaîne, qu'un radieux lever de soleil embrasa peu à peu. L'horizon s'éclaira par degrés laissant voir vers le sud quelques sommets couverts de neige, peut-être ceux de la Sierra Nevada, et bientôt, débouchant dans la vallée du Guadalquivir, la voie atteignit Andujar, célèbre par les souvenirs du général Dupont et de la funeste capitulation de Baylen, en 1808.

A onze heures nous étions à Cordoue.

L'antique capitale des khalifes, la cité sainte des Mores d'Espagne, bien déchue de sa grandeur d'autrefois, n'est plus aujourd'hui qu'une triste et singulière ville morte. Théophile Gautier l'appelle une catacombe, et le voyageur ne s'y arrêterait même plus, si elle n'avait sauvé de la ruine son incomparable mosquée, le chef-d'œuvre de l'architecture arabe. Nous nous y fîmes conduire et accompagner par un gros algérien européanisé, attaché en qualité de guide à l'Hôtel Suisse où nous étions descendus.

La mosquée n'a aucune façade, et l'épaisse muraille qui l'entoure, couronnée de créneaux triangulaires et dentelés, lui donne plutôt l'apparence d'une forteresse que celle d'un temple. Une cour triste, où pleure sous les orangers l'antique fontaine aux ablutions, est comprise dans cette enceinte ; jadis tout un côté de la mosquée s'y ouvrait comme un portique immense ; l'œil pouvait du dehors plonger par les arcades dans la profondeur des nefs. Mais depuis la conquête chrétienne, depuis que, pour devenir une église catholique, le vieux temple de l'Islam a été mutilé en mille endroits, ces arcades sont murées, et l'entrée principale a seule subsisté, avec son encadrement d'arabesques et de dessins bizarres, ciselés dans le marbre. Elle est fermée par une porte en bronze vert, de dimensions colossales, toute couverte de versets arabes gravés en relief dans un treillis de moulures entrecroisées.

Ce ne fut pas sans une certaine émotion artistique que nous franchîmes ce seuil majestueux. Mais à ce moment, il se produisit en chacun de nous quelque chose de singulier. Nous avions entendu faire de telles descriptions de cet édifice, nous en avions vu des photographies si avantageuses, nous avions lu le matin même avec tant de conviction et de respect les dithyrambes enthousiastes inspirés à bien des voyageurs par la mosquée de Cordoue, que notre imagination s'était par avance lancée au delà du réel, et que nous n'avons pu tout d'abord nous défendre d'un certain sentiment de déception. Heureusement cette impression ne dura pas ; et quand nous quittâmes la célèbre mosquée, nous lui rendions de très bonne foi le juste tribut d'admiration qu'elle mérite.

Ce qui principalement causa notre fâcheuse surprise, c'est le peu d'élévation de la voûte, que nous nous étions figurée beaucoup plus haute. Malgré la courbe gracieuse de ses doubles arceaux superposés et peints de bandes blanches et rouges, elle a quelque chose d'écrasé, et ce qui l'alourdit encore, c'est l'abominable revêtement de plâtre sous lequel ont disparu les dorures du plafond arabe, qui était en bois de mélèze ouvragé.

Huit cents colonnes, hautes d'environ trois mètres, servent aux arcs de points d'appui ; au temps des Mores le nombre en dépassait douze cents ; elles sont des marbres les plus précieux et de toutes nuances, mais sans socle et dépolies par le temps. Beaucoup d'entre elles proviendraient, suivant la tradition, d'un temple romain consacré à Janus, sur les ruines duquel les Arabes auraient élevé leur mosquée.

Les poutrelles ciselées de la voûte n'ont pas seules disparu : des carreaux de terre rouge remplacent les faïences émaillées et multicolores du sol primitif, dont il n'existe plus, dans un coin reculé, qu'un vestige à peine sensible.

Construit lors de la fondation du khalifat d'Espagne, afin de détrôner La Mecque et de faire de Cordoue la ville sainte des Sarrasins d'Occident, l'édifice est immense : dix-neuf nefs dans un sens, trente-cinq dans l'autre, cent quatre-vingts mètres de longueur totale, telles en sont les dimensions. Dès les premiers pas, l'œil se perd de tous côtés sous une forêt de colonnes, et trace à l'infini des nefs entrecroisées dans tous les sens. Malheureusement la perspective est interrompue en plus d'un point par de gros piliers de maçonnerie, dont la masse soutient le nouveau plafond devenu trop pesant. En outre, sur les limites du temple, toutes les dernières arcades ont été murées et grillées et sont devenues les chapelles funéraires des grandes familles de la région.

Faisant face à l'entrée principale de la mosquée, une nef un peu plus large que les autres conduisait au Mihrab, le sanctuaire, le saint des saints, la retraite sacrée où se lisait le Koran, et où les pèlerins arabes venaient adorer à genoux Mahomet dans la personne du khalife. Comment décrire les splendeurs du Mihrab? Elles éblouissent; elles aveuglent; c'est l'apogée de l'art moresque. Les arceaux évidés en cœur, les versets du Koran moulés dans le stuc ou gravés sur le marbre, les enlacements capricieux des arabesques, les colonnettes de jaspe, de marbre vert et de porphyre, les mosaïques d'or et de lapis-lazuli scintillant sur les panneaux et sous les coupoles de cet étroit sanctuaire, comme des cristaux illuminés, forment un ensemble qui surpasse en richesse les plus magiques conceptions.

Au fond du Mihrab, s'ouvre la mystérieuse chapelle où trônait le khalife, image terrestre du Prophète; la voûte en est formée d'un seul bloc de marbre, creusé en conque; et le long des parois que l'éclat des mosaïques d'or fait rayonner, le pavé de marbre est usé par la marche des pèlerins qui devaient en faire sept fois le tour à genoux.

Non loin de là, on nous fit atteindre, par une échelle, l'enceinte qui renfermait jadis l'exemplaire sacré du Koran. C'était aussi un de ces sanctuaires où la prodigalité des khalifes avait donné libre carrière à la fantaisie des artistes arabes; mais par haine religieuse, il fut comblé et muré ; et c'est à grand'peine aujourd'hui que, regrettant le fanatisme des âges passés, on cherche à le dégager et à lui rendre sa physionomie primitive.

Mais hélas ! toutes ces dégradations seraient peu de chose si au cœur même de l'immense mosquée ne s'élevait une œuvre parasite qui l'a blessée d'une plaie inguérissable. Au XVIe siècle, en effet, le chapitre de Cordoue imagina d'y planter une cathédrale, et muni de l'autorisation de Charles-Quint, jeta par terre environ quatre cents piliers de l'ancien temple. De là cette église que la mosquée entoure de toutes parts comme un péristyle. Que ne lui a-t-on assuré le respect et l'admiration de tous, en la construisant ailleurs que dans cette enceinte, qu'elle a mutilée à tout jamais ? Au lieu de cela, elle a, depuis qu'elle existe, le triste privilège d'exaspérer tous ceux qui la visitent, à commencer par Charles-Quint lui-même qui vit Cordoue pour la première fois peu d'années après, et regretta un peu tard l'autorisation si imprudemment accordée : son inutile colère ne put réparer le mal.

En dépit de la mauvaise humeur qu'elle inspire, on ne peut refuser à la cathédrale de Cordoue le mérite de contenir une merveille, ce sont les stalles du « coro », l'œuvre la plus considérable, à coup sûr, qui ait été réalisée dans ce genre.

Cette « silleria » est d'acajou massif, et couvre les parois du chœur, jusque sous les deux orgues latérales, de ses incomparables boiseries; la finesse des sculptures y tient du prodige; les statuettes s'y comptent par milliers, et le nombre des sièges dépasse la centaine. Au-dessus de chacun d'eux, des médaillons travaillés avec un art surhumain représentent toutes les scènes de l'Ancien et du Nouveau Testament. Enfin, dominant le trône de l'évêque, entre les images des saints chers à l'Espagne, la glorieuse personne du Christ s'élance vers le ciel aux yeux des apôtres agenouillés; c'est un groupe merveilleux. Au centre de ce chœur, qu'une balustrade de bronze ferme du côté de l'autel, d'énormes missels en parchemin, enluminés au XVe siècle, reposent sur un lutrin qui semble fait pour des géants.

La cathédrale est réservée aux offices du chapitre; et près d'elle, une chapelle pratiquée dans un des angles de la mosquée joue le rôle d'église paroissiale.

Près de sortir de l'immense édifice moresque, le guide nous fit remarquer une petite image du Christ en croix, à peine ébauchée sur le marbre d'un des piliers, et que, dit-on, un berger catalan, captif des Arabes et attaché par eux pendant sept années à cette colonne, aurait sculptée avec son ongle : si la légende mérite foi, il est vraisemblable qu'à cette époque le pilier ne faisait pas encore partie de la mosquée.

Quand nous retombâmes dans la cour aux orangers, le soleil l'inondait d'une lumière aveuglante; la chaleur était accablante et capable de nous donner l'illusion du plein été; nous n'étions pourtant qu'en mars. Quel contraste avec notre maussade climat du Nord, nos pluies, nos giboulées, nos froids qui se prolongent jusqu'en juin! Ce soleil ardent était bien fait pour nous montrer l'Andalousie sous son véritable aspect; aussi n'éveillait-il en nous que des sentiments de reconnaissance.

Sous ses auspices, nous nous mîmes à parcourir les rues de Cordoue, si tant est que l'on puisse donner ce nom à des ruelles tellement tortueuses que les plus habiles s'y égarent, et tellement resserrées que deux ânes ne sauraient assurément s'y croiser, j'entends de ces bourriquets qui, dans toute l'Espagne, remplacent les charrettes, et que l'on rencontre tous les vingt pas, marchant en file et résignés sous la charge de leur panier double.

Dans ces ruelles infimes, un effroyable pavage de petits galets tranchants, fait de la marche une torture; de trottoirs il ne saurait être question dans des voies dont les plus larges n'atteignent pas trois mètres; ils sont remplacés par une rangée de dalles qui longe les maisons, et si cette faible ressource manquait aux touristes, l'espoir de contempler les plus belles merveilles du monde ne saurait, j'en suis sûr, les décider à cheminer, ne fût-ce qu'un quart d'heure, sur ce lit de lames de couteaux, dignes de paver l'enfer.

Les maisons de cette ville ainsi vermiculée ont des façades d'une invariable blancheur; les fenêtres sont grillées ou closes par des balcons ; les portes restent ouvertes à toute heure du jour, et le passant pénètre librement du regard dans tous ces intérieurs calmes, déserts et mystérieux.

Partout la disposition est la même, très pittoresque et très caractéristique : d'abord un petit vestibule de marbre, fermé à quelques pas du seuil par une grille aux dessins les plus capricieux, qui laisse voir le « patio », l'inévitable « patio », souvenir de l'atrium romain, entouré d'arcades, dallé de marbre, orné de plantes, de fleurs et de fontaines, sorte de cour devenue salon d'été, baigné d'une fraîche et douce lumière, et qu'un velum abrite de l'implacable embrasement du soleil d'Andalousie. Cette disposition, de tradition arabe, est générale au midi de l'Espagne ; si modeste, si exiguë qu'elle soit, pas une maison n'y échappe. Mais j'ai été surpris de trouver à tous ces patios je ne sais quel air de vague abandon ; nous n'étions pas encore, il est vrai, dans la saison brûlante où les meubles et les pianos y sont descendus, et où l'on y passe la vie de chaque jour pour demander un peu de fraîcheur à leurs courants d'air.

Quoi qu'il en soit, Cordoue tout entière dégage une mortelle tristesse. En parcourant le dédale de ses couloirs déserts et mornes, je me prenais à évoquer le souvenir de sa gloire d'autrefois, de ses richesses scientifiques, de ses splendeurs orientales ; et tout, autour de moi, était plein de la mélancolie des choses déchues.

Notre promenade nous fit voir les rares curiosités que renferme Cordoue, en dehors de sa mosquée. Derrière celle-ci, à l'ombre de sa muraille de kasba, on a, j'ignore à quelle époque, édifié un groupe ridicule de monstres et de rochers, au milieu desquels s'élève une colonne corinthienne de marbre blanc, surmontée de la statue du patron de Cordoue, l'archange Raphaël.

Non loin de là, coule le Guadalquivir, l' « Oued-el-Kébir » des Arabes, la « grande rivière » aux eaux limoneuses. Un seul pont relie la ville à la rive gauche du fleuve, où ne se trouve d'ailleurs qu'un faubourg sans importance ; mais ce pont, œuvre des Romains, est bien remarquable : très élevé au-dessus de la ligne des eaux, il repose sur de colossales culées de pierre dont la maçonnerie moussue défierait vingt autres siècles avec la même impassibilité. En aval du pont, le fleuve est coupé par trois barrages semi-circulaires, construits par les Mores, et dont les moulins fonctionnent encore.

Sur la rive opposée à Cordoue, la tête du pont a conservé deux grosses tours crénelées d'une forteresse arabe qui la défendait. C'est de là qu'en regardant vers l'extrémité de la ville, on aperçoit sous la forme de tourelles carrées, de pans de mur dentelés, disséminés parmi les dernières constructions, les débris de l'ancien Alcazar des khalifes.

Dans l'intérieur de Cordoue, les palais des grandes familles des XVe et XVIe siècles montrent encore, en maint endroit, leurs vieux portails ; mais le temps en ronge la mauvaise pierre, et c'est à peine si l'on distingue au milieu des sculptures qui tombent en poudre, les grandes armoiries frustes, aux trois quarts effacées. Toutes ces ruines ne contribuent pas médiocrement à donner à Cordoue son aspect désolé. Deux de ces antiques hôtels nous furent ouverts : dans l'un d'eux, une école académique des Beaux-Arts a transporté ses pénates, et s'est monté un musée qui ne contient que de vieilles toiles bizarres sans le moindre mérite ; l'autre était un ancien couvent de Jésuites, où l'on admire un splendide escalier de marbres précieux donné par Charles-Quint.

Nous achevâmes l'après-midi sur l'unique promenade de Cordoue, une grande allée ensoleillée, ouverte sur la campagne, et où toute la population s'était donné rendez-vous pour entendre la musique militaire; car, c'était ce jour-là l'Annonciation, fête chômée en Espagne. Cette foule de promeneurs endimanchés nous désola par l'étonnante banalité de ses costumes; la couleur locale, encore sensible à Valence, avait là complètement disparu, et à très peu de chose près, nous aurions pu nous croire sur le Cours ou l'Esplanade de quelque sous-préfecture française. La musique était détestable et nous écœurait de ses airs de valses populaires, qu'elle jouait avec une ridicule lenteur. Un séminaire en promenade attira un instant nos regards : il se composait d'enfants de douze à quinze ans, coiffés de barrettes à quatre pointes, et portant par dessus leur soutane, une espèce de pélerine-écharpe du bleu le plus tendre.

Dans la foule, l'évêque, les vêpres dites, se promenait avec ses grands-vicaires en fumant des cigarettes.

VI.

SÉVILLE.

Le mardi 26 mars, une bien vive contrariété nous attendait à notre réveil : mon père, atteint de fièvre pendant la nuit, souffrait d'un mal de gorge sérieux. Il croyait s'être refroidi la veille en visitant la mosquée, où en effet la nudité des voûtes et le peu d'accès de la lumière entretiennent la fraîcheur d'une cave; et lorsqu'il fait très chaud dehors, ce brusque passage n'est vraiment pas sans danger. Mais quelle qu'en fût la cause, le mal était plus qu'un refroidissement vulgaire : mon père en était accablé et souffrait beaucoup. Cette surprise nous fut pénible pour plus d'une raison ; car voilà qui nous priva pendant une semaine des plus indispensables compagnons de voyage : l'entrain et la bonne humeur. Tout nous avait si bien réussi jusque-là !

Malgré l'état de mon père, nous ne prolongeâmes point notre séjour dans la triste Cordoue : s'il avait fallu y attendre l'issue d'une indisposition, je crois que tous quatre nous y serions morts d'une maladie noire.

Nous la quittâmes donc à onze heures du matin. Quatre heures après, le train qui avait continué à descendre la vallée du Guadalquivir, au milieu des aloès et des oliviers, nous déposait à Séville, la joyeuse et blanche cité amoureusement couchée au pied de sa Giralda.

Le Grand Hôtel de Madrid, où nous descendîmes, est le plus vaste et le meilleur que nous ayons rencontré en Espagne. Mais à cause même de son importance, les voyageurs y étaient légion, et formaient un assemblage bigarré d'hidalgos, d'Américains du Sud, de Javanais, d'Allemands, de modistes françaises en tournée, de Yankees et d'Anglais, ceux-ci venus par caravanes entières, traînant avec eux des bandes d'enfants de tous les âges, des femmes de chambre de tous les pays, jusqu'à une Chinoise, et encombrant les vestibules de ces invraisemblables malles d'outre-mer où des pianos tiendraient à l'aise.

Cette affluence que n'expliquait pourtant pas encore l'approche de la semaine-sainte, nous fit assez mal loger : on ne put nous donner, au dernier étage, que des chambres médiocres, dont l'indisposition de mon père devait nous rendre l'insuffisance encore plus désagréable. Mais à part cela, l'hôtel empruntait une gaîté peu commune à un charmant patio central, planté de palmiers et de bananiers, où l'on donnait des concerts ; en outre, les repas, pris dans une vaste salle à manger dallée et vitrée comme une galerie, devaient à l'étrangeté cosmopolite des convives, d'être les plus amusants du monde.

Dès que j'eus jeté sur tout cela un coup d'œil, je sortis pour voir la ville.

Deux couleurs dominent à Séville souverainement : le bleu indigo du ciel et le blanc immaculé des maisons. Plus encore qu'à Cordoue, celles-ci ont un cachet spécial avec leurs portes ouvertes, leurs fenêtres hermétiquement grillées, leurs balcons vitrés appelés « miradores » et leurs jolis patios pleins de verdure, entrevus à travers le guillochis des grilles.

Les dessins fantaisistes de ces dentelles de fer encadrent presque invariablement une devise singulière, composée de deux syllabes NO et DO séparées par une sorte de 8 allongé : on la trouve à Séville répétée partout, sur les maisons et sur les réverbères, sur les édifices publics et sur les bijoux des femmes. Voici l'origine de ce rébus glorieux. Au XIIIe siècle, tous les États du roi de Castille, Alphonse le Sage, s'étaient révoltés contre lui ; seule Séville lui offrit un refuge ; le prince, dans sa reconnaissance lui donna, avec des titres pompeux, la devise en question :

NO 8 DO

dans laquelle le signe 8 figure un écheveau, en espagnol « madeja » ; le tout peut donc se lire : « no madeja do », ce qui ne diffère guère de « no me ha dejado », « elle ne m'a pas abandonné ».

Pour s'abriter du soleil, bien des vieilles rues de Séville sont restées étroites et contournées ; et je m'y aventurai rarement sans m'y perdre. Les plans eux-mêmes conviendraient si bien à des galeries de termites, que les simples essais d'orientation générale y sont des plus difficiles et donnent lieu parfois à de désolantes méprises. Mais partout quelle animation ! que de rires ! quel air de gaîté sur tous les visages !

Dans ces rues capricieuses, au milieu des bandes d'ânes promenant mélancoliquement leurs doubles corbeilles de paille tressée, les petites Sévillanes passent alertes et vives ; sur les cailloux du sol, elles cambrent leurs pieds d'une proverbiale petitesse ; dans leurs cheveux noirs et brillants, elles ont toujours une fleur piquée ; leurs lèvres, d'un rouge de flamme, gardent un sourire un peu railleur, un sourire qui laisse voir les dents, et prépare la morsure aussi bien que le baiser ; et gaîment insolentes, elles fixent sur tout passant, leurs étincelantes prunelles.

Après avoir erré à peu près au hasard dans ces ruelles inconnues, et fait trois fois plus de chemin qu'il ne fallait, j'arrivai à l' « Alameda de Hercules », sorte d'esplanade presque déserte, où se dressent deux vieilles colonnes romaines en granit. De là, je gagnai, pour ainsi dire à tâtons, la « Calle de Sierpes », la principale rue de Séville, celle qui renferme les brillants étalages (plus brillants que riches) et où les oisifs se pressent en plus grand nombre.

Longue et irrégulière, elle n'a même pas de trottoirs, et certes deux voitures ordinaires ne sauraient s'y croiser sans dommage pour l'une d'elles, aussi ne s'y engagent-elles pas. Malgré cela c'est la rue préférée des Sévillans ; le soir surtout, sous l'éclat des lumières, l'animation y est extrêmement curieuse; c'est là que s'ouvrent d'immenses cafés noyés dans la fumée des « puros » et des « papelitos » ; c'est là que sont tous les cercles, qu'on appelle des casinos et dont les salons, de plain pied avec la voie publique, se montrent par de grandes glaces descendant jusqu'à terre ; c'est là enfin qu'abondent les « peluquerias », dans lesquelles les virtuoses du rasoir rivalisent d'adresse, pour justifier l'antique réputation des barbiers de Séville.

La « Sierpes » me conduisit à la place de la Constitution et aux « Casas Capitulares » ou palais de l'Ayuntamiento. Une débauche de vieilles sculptures de pierre, guirlandes et rocailles dans le goût espagnol, orne en certains points la façade de cet hôtel de ville. De l'autre côté s'étend la « Plaza Nueva » ; c'est un vaste rectangle auquel la laideur uniforme des hautes maisons qui l'entourent donnerait l'aspect d'une cour de caserne ou d'usine, s'il n'était couvert de palmiers magnifiques. La soirée était calme et chaude ; je fis halte quelques instants sous leur ombre, et m'attardai à voir se balancer leurs grands troncs rugueux. Au centre de la place, des enfants jouaient au « toro » dans un kiosque de musique ; et, comme des « chulos » véritables, voulant fuir les atteintes de la bête que l'un d'eux figurait, ils bondissaient à tout moment au-dessus d'une balustrade, deux fois haute comme eux, en décrivant une culbute d'une surprenante agilité. Ce n'est pas la seule fois que je vis ainsi les gamins imiter dans leurs jeux le grand divertissement national des Espagnols.

Notre plan primitif nous faisait passer quatre jours à Séville, mais la maladie de mon père, en se prolongeant, nous y confina pendant près d'une semaine. Ce retard eut pour conséquence une bien fâcheuse mutilation de notre programme : il fallut renoncer à voir Cadix et Tanger, c'est-à-dire à passer les Colonnes d'Hercule, et à mettre le pied sur la terre marocaine. Le crève-cœur ne fut pas sans amertume, mais que pouvaient nos regrets contre la force des choses ? En revanche, les loisirs ne nous manquèrent pas pour multiplier dans Séville nos explorations ; et il a dû nous échapper bien peu des richesses de toute nature que la cité renferme (1).

Nos premières recherches furent pour la cathédrale : à tout seigneur tout honneur. Ce n'est pas une église, ce sont dix, vingt églises, rattachées, soudées entre elles pour former l'un des plus prodigieux édifices qui

(1) Je regrette cependant beaucoup de n'avoir pu voir les riches manuscrits de la « Colombine » ou bibliothèque de Christophe Colomb, léguée par son fils au chapitre de Séville. — Les guides parlent aussi avec éloges d'une habitation ancienne, la « Casa de los Taveras », dont un jour on nous indiqua l'adresse ; mais nous n'y avons trouvé que le patio embaumé d'un petit couvent de jeunes filles ; sur le seuil, deux religieuses vendaient à des âniers les grosses oranges de leur jardin. Notre arrivée les surprit fort et elles nous dirent que leur maison ne contenait ni tableaux, ni œuvres d'art.

soient au monde. Lorsque les membres du chapitre et les architectes du XVIe siècle en eurent conçu le plan, ils se mirent à la besogne avec cet héroïque programme : « Élevons un monument qui fasse croire à la postérité que nous étions fous ! » Mais l'immensité même de leur œuvre a, sur quelques points de détail, un peu dépassé la puissance de ceux qui l'ont entreprise : les sculptures extérieures des portails sont restées inachevées.

De l'ancienne mosquée qu'elle remplace, la cathédrale a conservé le Patio des Orangers, semblable à celui de Cordoue, assez triste comme lui, pavé inégalement de petites briques usées, avec la vasque de marbre pour les ablutions musulmanes. Trois côtés du pourtour sont occupés par des chapelles, des sacristies, des dépendances ; par une église paroissiale ; par la Giralda, la gloire et l'amour de Séville ; sur le quatrième se dresse l'énorme masse de la cathédrale.

Théophile Gautier, dans ses pages frémissantes comme ses impressions d'artiste, la compare à une montagne que des géants auraient creusée ; il parle avec effroi de « l'élévation épouvantable » de ses voûtes, et dans son hyperbolique enthousiasme, il déclare que Notre-Dame de Paris s'y promènerait la tête haute.

La première fois que je voulus en juger par moi-même, je crus ne pouvoir y réussir, faute d'accès : toutes les portes de l'édifice dont je faisais vainement le tour étaient fermées ; enfin à la sixième tentative, l'une d'elles céda à ma pression. Mais au lieu de s'égarer dans l'immensité des nefs, et de se perdre au milieu des merveilles promises, mes yeux se heurtèrent de toutes parts à des échafaudages ; le vaisseau en était rempli jusque dans ses profondeurs; de hautes palissades bouchaient toutes les nefs ; les madriers coupaient en tous sens les perspectives de décors formées par l'entrecroisement des ogives ; le chœur et les quatre-vingts chapelles du pourtour étaient inaccessibles ; le maître-autel dont les bas-reliefs sont, dit-on, le plus beau retable du monde, était caché sous des toiles ; enfin des planches fermaient la Capilla Real, où s'élèvent le tombeau de saint Ferdinand, le roi de Castille qui reprit Séville aux Mores, et celui de Marie de Padilla, la favorite de Pierre le Cruel.

Cette métamorphose de la cathédrale en chantier avait lieu de nous étonner, en même temps qu'elle nous décevait profondément; nous ne tardâmes pas à en connaître la triste raison. On nous raconta que, par une après-midi du mois d'août 1888, un des piliers de la nef centrale, un de ces piliers gros comme des tours, mais qui paraissent grêles tant ils sont hauts, s'est tout d'un coup effondré, entraînant avec lui une portion de la voûte, brisant à jamais les orgues qui étaient admirables, et menaçant même par l'ébranlement qu'a produit une telle chute, la sécurité du reste de l'édifice.

Les travaux de restauration ont aussitôt succédé à la catastrophe; et pour les diriger, on a réuni en commission les architectes les plus renommés de l'Espagne; mais la tâche ainsi entreprise présente, dit-on, de telles difficultés qu'on tremble de ne pas aboutir. Si l'on voulait être sûr de l'avenir, c'est une reconstruction totale qu'il faudrait faire ; or, trouve-t-on encore, à notre époque, et les artistes et les ressources nécessaires pour de semblables tours de force ? Ce serait pour Séville et pour l'art en général une perte incalculable que celle de cette basilique, et des magnificences de toute espèce que des siècles de foi y ont accumulées !

La cathédrale elle-même nous étant fermée, nous n'avons pu en voir que les parties accessoires qui d'ailleurs n'en sont pas les moins riches, la « Sacristia mayor », la « Sala Capitular », le « Sagrario ».

Quand nous entrâmes dans la Sacristia mayor ou grande sacristie, qui est à elle seule une véritable église, très haute de coupole, une tribu d'Anglais y était déjà aux prises avec l'engeance rapace des bedeaux, des cicerones, des porte-clefs, oiseaux de proie qui guettent l'étranger, le saisissent au passage, et ne le lâchent plus qu'il ne se soit allégé à leur profit d'une demi-douzaine de piécettes. Chacun d'eux a son domaine : celui-ci ouvre telle porte, celui-là explique tel tableau ; un troisième découvre telle statue. Quand l'un d'eux a terminé, il fait signe au suivant et lui repasse le voyageur à saigner. Tout cela se fait très ponctuellement, sans rivalités, sans disputes ; et si vous avez un guide à la journée chargé de vous conduire aux principaux édifices, jamais il n'y pénètre pour ne pas priver un collègue de ses revenus ; il est impossible de pratiquer avec plus de méthode le grand art de l'exploitation. Nous ne pouvions sur ce point que suivre le sort commun, passant des pattes de l'un dans les griffes de l'autre, mais voyant heureusement de très belles choses pour nous dédommager de cette tyrannie.

La porte de la grande sacristie est couverte de sculptures délicieuses. Près du seuil se dresse le « Tenebrario », gigantesque candélabre de bronze, à quinze branches, qui mesure près de sept mètres de haut. L'autel de cette chapelle est d'argent et d'or ciselés, ainsi que tous ses accessoires, chandeliers, porte-missel, etc. Il supporte, cachée sous des courtines, une statue de la Vierge tenant l'Enfant Jésus, assise dans un fauteuil doré, et revêtue de somptueuses étoffes ; c'est une des images saintes que l'on porte dans les fameuses processions du temps pascal.

Les murs sont ornés de tableaux admirables signés des maîtres de la grande école religieuse espagnole, d'Alonso Cano, de Murillo, le premier de tous, qui y a laissé les portraits des deux évêques saint Léandre et saint Isidore, en habits pontificaux. Séville, où ce grand peintre a vu le jour, entoure d'un vrai culte la mémoire du plus illustre de ses enfants, et conserve de lui un nombre considérable de chefs-d'œuvre.

Enfin toute cette chapelle est comme lambrissée par de profondes armoires en acajou, sobres de style, où sont enfermés des trésors d'orfèvrerie et de broderie ; le plus remarquable de ces joyaux est une châsse immense en argent, et à plusieurs étages, qui sert aux plus solennelles processions. Quant aux chapes de drap d'or, c'est par centaines qu'on les compte, toutes brodées de fleurs en relief, ou de petits personnages d'une inimitable finesse, produits de l'art patient des anciens brodeurs.

La Salle Capitulaire, destinée aux réunions du chapitre, est ovale, partiellement tapissée de damas rouge, ornée d'une suite de bas-reliefs, et recouverte par une coupole très haute, blanche et dorée. Murillo l'a enrichie d'une Assomption, moins belle que celle du Louvre, et d'une galerie de portraits des saints que Séville a le plus en vénération. Parmi ceux-ci se trouvent en première ligne deux jeunes filles, les saintes Justine et Rufine, à qui la piété des Sévillans a spécialement confié la garde de la Giralda ; leur image est reproduite dans toutes les églises, et toujours on les représente soutenant la précieuse tour.

La Giralda elle-même, devenue une manière d'emblème religieux, figure sous toutes les formes dans les moindres sanctuaires, en peinture, en sculpture, sur les vitraux : je pense qu'il n'y a pas au monde de monument qui soit l'objet d'un tel culte.

C'est à l'autre extrémité de la cathédrale, dans une chapelle de côté, près de l'entrée du Sagrario, que le chef-d'œuvre de Murillo est religieusement conservé : je veux parler de l'Enfant Jésus venant au milieu d'un groupe d'anges, vers saint Antoine de Padoue en extase. Le petit corps rose de l'Enfant-Dieu semble descendre dans un rayon d'une divine lumière ; le concert des séraphins lui fait cortège ; le saint, en prières, est agenouillé, les bras ouverts, prêt à recevoir le baiser céleste, et son visage est empreint d'un idéal sourire d'amour et de béatitude. Rien ne saurait rendre l'indéfinissable impression que produit cette grande toile, une des plus belles que l'on puisse voir. Elle est bien exposée ; mais les vitraux ne laissent arriver jusqu'à elle que leur jour tamisé, peut-être insuffisant.

La parosise de la cathédrale porte le nom de Sagrario ; elle se prolonge sur un des côtés du patio, perpendiculairement aux grandes nefs, et n'offre que des particularités sans importance. J'y entrai par hasard une après-midi, à l'heure où d'ordinaire les fidèles n'affluent pas aux églises ; celle-là était vide en effet : pas un homme n'y priait, adossé au mur ; pas une femme n'y était agenouillée sur les nattes de sparterie ; mais dans le coro, dans les stalles de bois sculpté, sous le buffet des orgues, devant le parchemin jauni des vieux missels ouverts sur les lutrins, toute une maîtrise d'enfants de chœur en surplis, tout un chapitre de chanoines et de prêtres drapés dans de grands manteaux de soie violette, coiffés de bizarres barrettes cornues à houppe verte, chantaient d'une voix grave et lente les vêpres quotidiennes, sur des airs liturgiques assez différents des nôtres. Ces chants, ces costumes, le bois sombre des stalles, toute cette cérémonie célébrée dans l'église déserte, formaient une pittoresque scène ; et je m'imaginais en la contemplant, être transporté à quelques siècles en arrière. Plus d'une fois d'ailleurs, en Espagne, j'ai éprouvé ce sentiment d'un recul subit dans un autre âge : il est impossible, par instants, de se croire au XIXe siècle, dans ce pays où tout est si vieux, les mœurs et les choses !

Ne quittons pas les abords de la cathédrale sans saluer la Giralda, la gracieuse tour, tant aimée des Sévillans.

La clémence du ciel d'Andalousie l'a laissée aussi belle qu'au premier jour : pas une de ses briques roses qui ne soit intacte ; pas un de ses petits balcons moresques qui n'ait gardé le poli de ses marbres ; pas une de ses arabesques qui ne paraisse être ciselée d'hier. Et pourtant, c'est vers l'an 1000 qu'elle fut construite, par un grand seigneur more qui se piquait d'astronomie et en fit son observatoire. La conquête chrétienne lui ajouta une campanile à plusieurs étages, lui donna ses cloches qui ouvrent leurs gueules de cuivre aux quatre coins du ciel, enfin la couronna à quatre-vingt-dix mètres de hauteur, d'une statue de la Foi, chargée du rôle de girouette. L'adaptation est au moins singulière !

Point d'escaliers dans les flancs de la Giralda, mais des rampes douces, qui conduisent en plus de trente paliers jusqu'aux balcons du campanile. Nous en fîmes deux fois la facile ascension; la première, un matin, à l'heure où le soleil faisait tout resplendir d'un insoutenable éclat ; la seconde fois, vers le soir, et alors sous une clarté plus affaiblie, la blanche

Séville étalait joyeusement à nos yeux ses édifices moins aveuglants, ses ruelles déjà obscures, ses maisons à terrasse, ses innombrables clochetons d'églises, son fleuve prolongé en méandres lointains dans la campagne verdoyante.

C'est le long de ce fleuve, au-delà des quais où s'amarrent quelques goëlettes et quelques vapeurs de petit tonnage remontés de Cadix, que s'étendent les promenades publiques de Séville. Elles comprennent deux parcs, pleins de fleurs et d'arbres précieux, le « Christino » qui tient à la cité, et le « Salon » qui en est au contraire assez éloigné. L'un et l'autre sont réunis par une longue avenue appelée « las Delicias »; et plus d'une fois, soit en voiture, soit à pied, nous nous sommes joints aux promeneurs qui s'y rendent en foule, aux heures élégantes.

Elle borde sur tout son parcours les jardins immenses du palais de San Telmo, résidence du duc et de la duchesse de Montpensier ; mais c'est à peine si la brillante muraille de lierre qui recouvre les grilles de ce paradis terrestre, permet d'en entrevoir les bois d'orangers, les palmiers, les grands arbres du Nord, les longs cyprès aigus comme des flèches d'églises.

Le palais lui-même, qui aligne une façade peu gracieuse devant le Christino, renferme, dit-on, d'admirables collections artistiques ; nous fîmes pour les voir une tentative vaine : il nous fut répondu que, malgré l'absence des princes, en raison de travaux intérieurs, le palais et ses jardins étaient fermés aux étrangers.

Non loin du parc public, un antique monument, la « Torre del Oro », se dresse avec une certaine grandeur sur les quais du Guadalquivir. C'est une tour octogone, de construction arabe, qui se reliait autrefois à l'Alcazar et faisait partie de l'enceinte fortifiée. Sa couleur vermeille suffirait à justifier son nom de Tour de l'Or ; mais elle le doit à d'autres souvenirs : c'est, dit-on, dans ses caveaux que Pierre le Cruel enfermait ses richesses.

Séville proprement dite n'occupe du Guadalquivir que la rive gauche ; l'agglomération qui s'étend sur la rive droite porte un nom tout à fait distinct, c'est le populeux faubourg de Triana. Les Gitanos, ces bohémiens d'une race si singulière, y sont très nombreux ; dans les rues on remarque à chaque pas leur teint cuivré, leur regard sauvage. Beaucoup d'entre eux travaillent à la fabrication des nattes de sparterie, tant usitées en Espagne ; et les femmes sont cigarières. Ils sont en général d'une saleté que leur indolence naturelle et le climat sont d'accord pour favoriser : comme nous passions près d'une de leurs masures, quelques femmes étaient accroupies au soleil devant le seuil, et l'une d'elles se livrait à des recherches aussi actives que dégoûtantes sur les cheveux dénoués d'une grande jeune fille étendue à ses pieds.

« Santa-Ana », la paroisse de ce faubourg, ne vaut guère la peine d'une visite. Des panneaux de faïence, un retable de peinture, quelques tableaux anciens, notamment une petite œuvre sur bois de Campana, beaucoup de christs et de statues coloriés et habillés, voilà tout ce que nous y vîmes, en somme rien de bien saillant.

Nous étions guidés par un petit bonhomme noir et joufflu, d'une douzaine d'années, qui nous détaillait avec le plus grand sérieux les innombrables saints de son église ; pour sa peine je lui donnai deux réaux ; mais il courut après moi en disant qu'ils étaient faux ; je le détrompai difficilement, et il partit mal convaincu. Si je signale ce trait, en apparence insignifiant, c'est que cela se répète à chaque instant en Espagne ; ces gens-là doivent être inondés de fausses pièces, car vous ne pouvez leur faire si léger paiement que ce soit, sans qu'aussitôt votre monnaie ne soit soupesée, retournée, jetée sur le marbre. Il n'est pas jusqu'aux mendiants qui ne vérifient si l'aumône qu'on leur fait est de bon aloi ; et je me souviens d'avoir vu à Barcelone un pauvre mioche de quatre ou cinq ans, qui vendait des allumettes sur les trottoirs et rendait imperturbablement à ses acheteurs, amusés par sa perspicacité, tous les sous étrangers qu'ils lui donnaient.

L'objet principal de notre course à Triana, était la visite de la « Cartuja » ou ancien couvent des Chartreux, qu'un Anglais du nom de Pickman a transformé en une fabrique de porcelaines et de faïences.

C'est un établissement considérable, où beaucoup de femmes sont employées à la coloration artistique des services de table et à l'impression des dessins les plus variés sur la pâte déjà durcie ; tandis que le modelage de la terre et le service des fours sont réservés aux hommes. Mais malgré l'importance de cette manufacture, l'installation et l'outillage en sont étonnamment primitifs ; c'est à peu près comme cela que l'on s'imagine les Étrusques ou leurs contemporains travaillant à leurs poteries.

Dans une sorte de cour plantée, qu'enclavent les bâtiments du vieux couvent, la veuve de Pickman, respectueuse d'un grand souvenir historique, a fait élever une statue de marbre blanc à Christophe Colomb, qui, dit-on, vint passer quelque temps dans cette Chartreuse avant de partir pour le Nouveau Monde. On nous fit voir encore une petite chapelle plateresque, dorée comme une pagode, avec les boiseries d'une silleria minuscule, tout à l'instar d'une cathédrale.

Mais revenons à Séville même. Sur une place triangulaire, une statue en bronze de Murillo s'élève, devant l'École des Beaux-Arts qu'a fondée ce grand peintre. Le musée s'y trouve, peu considérable à vrai dire, mais riche d'un grand nombre de toiles du maître, provenant presque toutes des anciens couvents supprimés depuis cinquante ans. La salle où on les admire est une vaste chapelle désaffectée, et pour l'atteindre, il faut passer par un joli patio, plein d'oiseaux et de fleurs.

L'art de Murillo est resté exclusivement religieux; il n'est jamais sorti de son pinceau que des Vierges, des Enfants Jésus, des miracles, des apparitions, des extases, mais avec quel coloris, quelle pureté des lignes, quelle idéalisation des visages! On appela notre attention sur un de ses tableaux, représentant un évêque entouré de pauvres auxquels il fait l'aumône; Murillo le regardait, paraît-il, comme son œuvre la meilleure; mais je doute que son avis ait beaucoup de partisans : le Saint Antoine de Padoue de la cathédrale a bien plus de valeur encore.

D'autres tableaux, d'un mérite presque égal, ornent l'hospice de « la Caridad » ou de la Charité, le plus renommé des établissements de bienfaisance de Séville. Administré par des religieuses, il sert de retraite à des vieillards infirmes. Mais en même temps, la Caridad est le nom d'une célèbre confrérie de séculiers, dont le rôle est d'assister les condamnés à mort, et d'enterrer leurs cadavres. L'origine mérite d'en être rappelée.

Elle doit sa création à un certain don Miguel de Mañara, chevalier de Calatrava, grand seigneur très riche et grand viveur repenti, dont les traditions populaires ont fait, depuis le XVIIe siècle, le type de don Juan. Don Miguel mit fin à une vie des plus joyeuses et des moins édifiantes par la fondation de cette confrérie, qui, depuis, a compté parmi ses « Hermanos Mayores » ou grands maîtres, les personnages les plus illustres de l'Espagne, des princes du sang, des cardinaux, des reines et des rois ; l'un des derniers était le duc de Montpensier. Tous leurs portraits ornent une salle dite capitulaire, et celui de don Miguel de Mañara (une figure sèche et austère de diable fait ermite) occupe la place d'honneur ; on y voit en même temps le masque de son visage moulé en plâtre après sa mort ; et dans une vitrine, entre la cuiller et la fourchette qui servaient à ses repas, son épée, une large et fine rapière d'acier à garde ciselée.

Mais ce qui fait le principal attrait de l'hôpital de la Caridad, ce sont les peintures que renferme sa chapelle. Il y a là une Multiplication des pains et un Moïse frappant le rocher, qui comptent parmi ce que Murillo a fait de mieux ; mais ces grandes toiles sont trop haut placées, et l'on n'en peut que très mal juger. J'ai plus joui de deux médaillons du même maître, représentant l'Enfant Jésus et saint Jean-Baptiste ; ce sont deux perles.

Le maître-autel de l'église a un retable à rocailles entièrement doré, mais au milieu duquel, sous forme de panneau central, une Descente de croix en relief est d'un bel effet.

Sur des autels de côté, sont deux statues peintes du Christ flagellé, dont l'une surtout est d'un saisissant réalisme ; le Sauveur est à genoux, les mains liées, le corps affaissé ; la peau de ses genoux et de ses coudes se déchire et laisse des plaies à vif ; tout le long de sa chair bleuie, le sang ruisselle en minces filets : et les contractions de son visage expriment une angoisse tellement profonde, une souffrance tellement atroce qu'on ne peut y porter les yeux sans une douloureuse pitié.

Le dernier tableau de cette chapelle est celui d'un peintre sévillan du XVIe siècle, qui s'est plu à représenter sous la rubrique « Sic transit gloria mundi » le cercueil ouvert d'un évêque : enseveli dans le drap d'or des ornements pontificaux, le cadavre est en pleine décomposition, et des millions de vers le dévorent. C'est effroyable à voir ; et devant cette peinture grouillante, j'étais tenté de faire comme Murillo qui, dit-on, se bouchait le nez en la regardant.

Pendant la durée de notre séjour à Séville, nous quittions quelquefois l'Hôtel de Madrid, un mauvais plan à la main, sans autre but que de vagabonder pendant deux ou trois heures dans le dédale inextricable des ruelles, et de visiter tout ce que nous rencontrerions sur le chemin. Tous les vingt pas, nous étions assurés de trouver une église ou une chapelle quelconque ; mais elles sont tellement nombreuses, que la plupart ne servent à rien et restent fermées ; toutes ont la même ornementation criarde et maniérée, propre au genre plateresque.

Au cours d'une de ces pérégrinations aventureuses, nous arrivâmes un matin sur une petite place lointaine devant un édifice que notre plan désignait du nom de Maison de Pilate ; nous y entrâmes sur le champ et un cicerone se mit en devoir de nous guider. La Maison de Pilate est une sorte de palais construit au XVIe siècle par un marquis de Tarifa duc d'Alcala, sur le prétendu plan de la maison du gouverneur de la Judée qui fit mettre Jésus-Christ à mort. Mais cette identité est plus que douteuse pour deux raisons : d'abord parce qu'il est peu vraisemblable qu'à l'époque de Charles-Quint, la véritable demeure du proconsul de Jérusalem existât encore ; en second lieu, parce que l'architecte du marquis de Tarifa a visiblement puisé toutes ses inspirations dans les palais arabes de l'Espagne.

Quoi qu'il en soit, le patio de la Maison de Pilate est admirable, par l'éblouissante blancheur de ses marbres, de son pavage, de ses colonnades, de ses balcons, de ses arcades couvertes d'arabesques ; une fontaine en occupe le centre; elle est formée de quatre dauphins soutenant une vasque, et couronnée par le double visage de Janus « Bifrons » ; aux quatre angles du patio, sont des statues antiques, et sous les galeries, les bustes des empereurs romains. Les salles intérieures, aujourd'hui dépouillées de meubles, ont reçu des dénominations rappelant tous les souvenirs de la Passion, salle du Prétoire, salle du Conseil des Juifs, salon de Pilate, et à l'étage, la salle des gardes, avec un coq figuré dans la muraille, pour marquer l'endroit où saint Pierre a renié trois fois son Maître. Au milieu d'une petite chapelle s'élève, à un mètre environ du sol, une colonnette de marbre rouge, image de celle où le Sauveur fut attaché pour la flagellation.

Tous ces vastes appartements sont lambrissés de carreaux de faïence, de ces carreaux arabes aux reflets métalliques dont le secret est aujourd'hui perdu : et leurs milliers de dessins si bizarrement combinés encadrent dans chaque panneau les armoiries du créateur de cette princière fantaisie. Enfin tous les plafonds sont d'incomparables mosaïques de bois doré ou nacré, formant de petits dômes, des caissons, des moulures, de grandes étoiles entrelacées.

Nous en vîmes aussi d'admirables dans les salles anciennes de l'« Ayuntamiento ». Cet hôtel de ville, dont la façade est d'époques différentes, possède de beaux escaliers, une enfilade de salons au premier étage, des portraits modernes de rois et de reines d'Espagne, une très belle salle du Conseil, d'autres transformées en bibliothèques, où se conservent toutes les archives municipales depuis le XVIe siècle.

Mais ces archives sont bien insignifiantes auprès de celles que nous avons contemplées à la « Casa Lonja » ou Bourse. Un mot d'abord de l'édifice. Le plan en est carré, la façade sévère, la toiture plate, et supportant aux quatre coins des pyramides un peu lourdes. Les galeries du patio sont vastes, et leurs colonnes d'ordre dorique. Un magnifique escalier de marbre rouge, très imposant d'aspect, conduit aux grandes galeries qui occupent tout l'étage. C'est là que l'on conserve, dans des caisses de bois de cèdre, sous le nom d'Archives des Indes, une des plus considérables collections de documents historiques qu'il soit possible de voir réunie. Toutes les lettres originales des conquérants de l'Amérique, des Colomb, des Cortès, des Pizarre, des Magellan ; tout ce qui, pendant près de trois siècles, a pu s'écrire de rapports officiels, de lettres, d'ordres et de récits relativement à la découverte, à la conquête, à l'administration civile et religieuse des immenses possessions espagnoles du Nouveau Monde, est là amoncelé dans des milliers de liasses étiquetées.

Des montagnes de papier noirci, voilà tout ce qui subsiste de ces empires d'autrefois, que l'Espagne au déclin de son ancienne grandeur, s'est laissé misérablement enlever un à un !

Parmi ces reliques d'un passé si glorieux, quelques lettres plus spécialement précieuses des premiers explorateurs sont encadrées ; et devant chaque autographe, des portraits retracent les visages mâles et durs de ces hommes d'un autre temps.

Une après-midi, au retour d'une promenade au Salon de las Delicias, j'allai visiter la Manufacture des Tabacs, la plus importante de l'Espagne, et l'une des curiosités les plus caractéristiques de Séville. Elle occupe, derrière le palais de San Telmo, c'est-à-dire sur les confins de la ville, des bâtiments énormes entourés de jardins et de grilles et construits sous le règne de Ferdinand VII.

Tandis que le rez-de-chaussée sert en partie de magasins, et en partie de caserne à un régiment d'infanterie, les ateliers sont au premier étage. Ce sont d'interminables salles, basses et voûtées, soutenues par de gros piliers, ce qui les fait ressembler à des caves ; et l'aspect qu'elles présentent aux heures de travail est tout à fait extraordinaire.

Lorsque j'y pénétrai, j'eus d'abord les oreilles assourdies par un vacarme de cris, de rires et de chansons ; une odeur fétide de chambrée, mêlée à l'âcreté de la nicotine, me saisit à la gorge ; et mes regards plongèrent dans un fouillis de têtes humaines, de robes claires, de châles pendus aux murailles comme dans une friperie. La manufacture occupe sept mille femmes ; et dans un seul atelier, j'en ai vu trois mille réunies ; c'est une agglomération dont on ne peut se faire aucune idée.

Elles sont assises côte à côte, presque accroupies, devant des tables basses où leurs mains sans cesse en mouvement puisent le tabac, amoncellent les cigarettes, ou roulent les gros cigares espagnols avec une adresse et une activité qu'on peut à peine comprendre. A chaque bout de table, des bébés de quelques mois dorment dans des caisses de bois, bercés par le pied de leur mère.

De toutes ces femmes ainsi entassées, quelques-unes sont vieilles et affreuses; d'autres accusent les traits sauvages des gitanas de race; mais la plupart offrent le type de la vraie Carmen sévillane, avec leurs grands yeux insolemment rieurs, leur taille cambrée, leurs cheveux noirs toujours ornés d'une fleur rouge ou blanche, et ramenés en plaques peu gracieuses sur les tempes, voire même sur les joues. Le passage d'un visiteur les met toujours en belle humeur : elles l'appellent de cent côtés à la fois, lui font des signes, lui lancent des baisers, lui tendent les mains, et éclatent de rire à tout instant.

Comme les cigarières restent à l'ouvrage depuis sept heures du matin jusqu'à neuf heures du soir, beaucoup d'entre elles mangent en travaillant : et bien que l'heure de ma visite ne fût guère celle d'un repas, des saladiers circulaient le long des tables, et les pelures d'oranges se mêlaient au tabac haché.

Au seuil de chaque atelier, une matrone tricote auprès d'un « brasero », en attendant les étrangers ; dès qu'il en vient un, elle se lève, va au-devant de lui et lui souhaite un nombre infini d'heureux jours ; puis elle l'accompagne dans toute l'étendue de son domaine, et lui fait, en terminant sa tournée, des révérences tellement cérémonieuses qu'il faut les payer chaque fois de quelque menue monnaie.

Je doute fort que ces sept mille femmes soient des anges de vertu : elles ne le portent guère sur leurs traits, et les « majos » andalous n'ont jamais passé pour des anachorètes ; mais cela ne les empêche pas d'être ardemment pieuses, et il est peu de coins de leur manufacture où ne veille une image de la Madone, entourée de cierges allumés et d'ex-voto d'argent.

J'ai visité aussi dans un faubourg de Séville une importante fonderie de canons. Bien que cet établissement, moins pacifique dans ses produits et d'un intérêt plus technique que le précédent, soit sous la direction de l'autorité militaire, l'entrée m'en fut facilement accordée, et un gardien me promena dans les ateliers.

Si les Espagnols, secouant leur séculaire indolence, fondent eux-mêmes une partie de leur artillerie, c'est qu'ils ont sous la main le cuivre qu'ils emploient ; mais ils seraient incapables de fabriquer leur outillage, et celui-ci provient soit de l'usine Krupp, soit du Creusot. Ils coulent en un très beau bronze leurs gros canons de siège et de marine, en les fermant par des culasses analogues aux nôtres : mais leurs canons plus légers, leurs pièces de campagne, ont la culasse allemande et viennent d'Essen. L'usine est complétée par un musée assez intéressant, où figurent tous les engins de guerre qu'on y fabrique.

Dès mon arrivée à Séville, j'avais eu le désir d'assister à des danses nationales, et je me renseignai sur l'endroit où je pourrais en voir. On me répondit qu'il n'y avait en ville qu'un seul café-concert nommé « El Centro », où l'on dansât encore, et on me l'indiqua. Un soir, après dîner, je m'y rendis. Malheureusement, à l'heure où j'entrai, deux petites ballerines en maillot rose battaient sur les planches leurs derniers entrechats, en jouant des castagnettes ; la toile tomba presque aussitôt ; cette partie du spectacle était terminée. Ma curiosité dut donc se borner à étudier le singulier milieu dans lequel je me trouvais.

Une salle longue, basse et empestée, s'ouvrait devant moi, regorgeant d'hommes, de femmes et d'enfants du peuple qui s'écrasaient sur des bancs de bois en buvant des tasses de café ou des verres d'eau, dans une irrespirable atmosphère de fumée de tabac. L'entassement de cette populace était quelque chose d'indescriptible ; des visages noirs et durs, des vêtements désordonnés, des yeux féroces, leur donnaient à tous un air de bandits. La nudité des murs de ce bouge était coupée par un étroit balcon qui en faisait le tour, et ployait sous le poids de spectateurs.

Au fond de cette salle s'en ouvrait une autre, perpendiculaire à la première, aussi encombrée et aussi profonde ; et c'est au point de réunion de ces deux salles, que s'élevait une petite scène, ainsi ouverte sur deux de ses côtés pour être aperçue de tous. Des acteurs de cinquième ordre y jouèrent une comédie à laquelle je ne compris pas grand'chose, mais dont un rôle me parut cependant très bien rendu par une femme qui exprimait la douleur et le désespoir avec une rare énergie.

Un simple aperçu de cette littérature et surtout de ce public, suffit à mon bonheur ; et au bout d'un acte, je regagnai l'air pur du dehors.

Le lendemain, je recherchai un spectacle d'un ordre plus relevé, et j'allai passer ma soirée au Théâtre Cervantès. Les théâtres espagnols sont plus grands, mais moins ornés et moins confortables que les nôtres ; il est permis d'y fumer ; le prix des places y est très modique, et de plus proportionné à la longueur du spectacle : chaque acte ou « funcion » est payé séparément ; c'est ainsi qu'un fauteuil d'orchestre coûte 0 fr. 50 centimes par acte, soit 2 francs pour les quatre « funciones » de la soirée entière.

Le programme comportait trois pièces. Le sens

de la première, intitulée « Un vaso de agua » m'a échappé presque complètement, comme aussi celui de la dernière, « La Baronesita », qui était entremêlée de couplets. Mais la principale comédie, « Los Hugonotes », en deux actes, était si bien jouée, et offrait une série de situations tellement bouffonnes, que j'en ai saisi le joyeux sens d'un bout à l'autre.

Un trait qui fait bien voir à quel point la cigarette est de l'essence même de la vie d'un Espagnol : les acteurs s'en offrirent mutuellement à tous les actes, et ne cessèrent presque pas de fumer ; la pièce aurait paru invraisemblable sans cela.

Des richesses artistiques de Séville, de ses mœurs et de ses monuments, mon père vit bien peu de chose : son mal de gorge, en s'aggravant, le forçait à garder la chambre, et c'est à peine si deux ou trois fois il put nous accompagner partiellement dans nos courses, aux heures les plus chaudes de la journée ; encore la persistance de ses douleurs gâtait-elle tout le plaisir de ces promenades.

Ses nuits, troublées par la fièvre, l'étaient plus encore par les cris des « serenos », sortes de veilleurs qui parcourent les rues de la ville jusqu'au lever du soleil, et poussent à tout instant, dans le grand silence nocturne, des clameurs lugubres et prolongées. Je ne sais si le sommeil des habitants a pris son parti de ce sot usage ; dans tous les cas celui des voyageurs s'en trouve très mal.

Enfin, le samedi 30 mars (nous étions à Séville depuis le 26), mon père se sentait si souffrant à son réveil que je me fis indiquer la demeure d'un médecin. J'en ramenai un, petit homme rond et guilleret, qui s'appelait don Francisco Perez Escudillo ; il vit la gorge de notre malade, et d'un coup de lancette perça le gros abcès d'où venait tout le mal. Mon père en éprouva un soulagement subit, et le lendemain se réveillait presque guéri. Ce terme de nos soucis fut salué avec joie. Le temps se mit à l'unisson de notre humeur, et se leva plus radieux encore que de coutume.

Nous en profitâmes pour aller voir l'Alcazar, placé à peu de distance de la cathédrale, et dont nous ajournions la visite depuis notre arrivée, avec l'espoir de la faire ensemble.

A l'exception des éblouissantes richesses du Mihrab, la mosquée de Cordoue m'avait surtout frappé par ses dimensions ; l'Alcazar de Séville, quoique d'un style beaucoup moins pur, m'a fait un plaisir plus inattendu.

A l'époque des rois mores, les sérails et les harems élevés en ce lieu embrassaient une très grande étendue, et se prolongeaient jusqu'à la Tour de l'Or, sur les bords du Guadalquivir ; ils étaient enfermés dans une enceinte de murailles et de tours carrées, dont plusieurs subsistent encore, et dont il est aisé de reconstituer le plan primitif lorsque, du haut de la Giralda, on domine cette portion de la cité.

Conquise au XIIIe siècle par saint Ferdinand, Séville devint ce qu'elle méritait d'être, la capitale et le séjour préféré des rois chrétiens. Quelque cent ans après, Pierre le Cruel, roi de Castille, qui était très épris de l'architecture arabe, voulut rivaliser de luxe oriental avec ses voisins les khalifes de Grenade, et tout en utilisant les plus riches débris des anciens palais, il fit élever par des ouvriers mores les murailles de l'Alcazar actuel. Ainsi en témoigne une fastueuse inscription gothique qui surmonte l'entrée principale ; car la lettre gothique, très apte elle aussi à l'ornementation, a remplacé les versets du Koran dans tout ce qui n'est pas un reste des sérails musulmans.

Le premier et principal patio de l'Alcazar a de féeriques beautés ; il est tout de marbre blanc et serait parfait si Charles-Quint ne l'avait alourdi d'un étage bâtard et sans style, vrai crime architectural : on l'appelle le « Patio de las Doncellas ». C'est là que les souverains arabes recevaient en grande pompe le tribut annuel de cent jeunes filles que devait leur payer le royaume de Léon.

Décrire tout l'Alcazar est chose peu aisée ; il faut avoir vu, pour se les figurer, ces murailles ajourées comme de fines dentelles, ces lambris de faïences aux métalliques reflets, les couleurs vives de ces arabesques, ces trônes, ces alcôves mystérieuses, ce petit « patio de las Muñeras », ou des Poupées, un vrai joyau ; cette Salle des Ambassadeurs, enfin, ouverte sur ses quatre faces par une triple arcade de marbre, et dont les magnificences font rêver de palais indous. Des briques émaillées, de facture arabe, pavent le sol en plus d'un endroit : et ces salles, ces coupoles, ces galeries, ces arcades qui se prolongent et s'entrecroisent, sont encore enrichies par des plafonds, les plus beaux du monde, en bois de cèdre ciselé, en mosaïque d'ivoire et de matières précieuses.

L'homme qui nous guidait, nous nommait en détail chaque recoin du palais ; deux noms revenaient souvent sur ses lèvres, ceux du créateur de ces merveilles, Pierre le Cruel, et de sa favorite Marie de Padilla, pour laquelle, en grande partie, il les fit édifier. Mais une petite inscription, qui figure dans une de ces salles, évoque un souvenir plus moderne : c'est là que naquit, en 1848, l'Infante Marie-Isabelle, fille du duc et de la duchesse de Montpensier, et aujourd'hui comtesse de Paris.

Les Jardins de l'Alcazar, « délices des rois mores », n'ont de beau que leurs palmiers énormes, et de curieux que leur respectable ancienneté : ils restent le type d'un art horticole bien primitif et bien peu gracieux. Les chemins sont étroits, pavés de briques, emprisonnés entre deux basses haies de buis, d'ifs et de myrtes, qu'on a taillés à l'équerre, et qui répandent l'odeur pénétrante de leur feuillage. De petits bassins, de petites statues, de petits sentiers, de petits arbres, donnent à ces jardins un aspect puéril et leur ôtent tout charme ; on les croirait tracés par des enfants. Les arceaux et les buissons géométriques, les dessins ridicules qu'on fait former aux ifs, par exemple ceux des croix des anciens ordres militaires de l'Espagne, les pavillons, les labyrinthes, tout cela ne laisse guère de place pour les fleurs ; il y en avait toutefois de fort belles, dans les coins où on les cultive. Leur éclat, leur parfum auraient pu nous surprendre, mais le précoce essor de la végétation ne nous était-il pas expliqué par ce ciel éternellement bleu, par ce soleil qui déjà faisait vibrer l'air et bourdonner sous les feuilles les essaims de moucherons ?

L'un des chemins principaux de ces jardins présente une particularité assez bouffonne : le sol en est percé d'un nombre infini de petits trous invisibles par lesquels, à point nommé, des jets d'eau jaillissent en tous sens ; c'est une invention de Pierre le Cruel, qui avait, à ses heures, l'imagination facétieuse ; il aimait, paraît-il, à doucher ainsi de bas en haut, les belles dames de sa cour, quand elles se promenaient insoucieuses et sans défiance, dans leurs grandes robes à cloche.

Parmi les autres curiosités des jardins de l'Alcazar, je citerai la galerie de Charles-Quint qui est affreuse, et dont on voit encore quelques fresques à demi effacées ; les bains de Marie de Padilla, bassin peu profond, où le roi Pedro, suivi de toute sa cour, venait voir se plonger sa belle favorite ; les bains des Sultanes, qui devaient assurément, s'ils ont jamais eu cette destination, être jadis à ciel ouvert, mais qui ne sont plus aujourd'hui qu'une galerie souterraine, obscure et glacée.

Nous achevâmes dans les belles allées de Las Delicias, l'après-midi de ce radieux dimanche ; toute la population sévillane semblait s'y être donné rendez-vous. Plusieurs cavaliers portaient le pittoresque costume andalous, « sombrero » à larges bords, veste courte et collante ; tous montaient d'admirables chevaux, de cette race aux jambes fines, au trot relevé, aux crins abondants et soyeux, que les Mores ont laissée au midi de l'Espagne ; mais le peu d'élégance de leur harnachement, leurs selles pesantes, munies d'un châle replié sur les fontes et tombant de chaque côté, les longs étriers de fer, de forme arabe, leur enlevaient beaucoup de leur grâce.

Comme le jour commençait à baisser, la Giralda nous attira une dernière fois à elle ; et c'est du haut de son campanile, dans la mélancolie du crépuscule, que nous lançâmes sur Séville nos adieux : le terme de notre séjour était arrivé.

VII.

GIBRALTAR.

L'accès de Gibraltar est très difficile. Aucune voie ferrée ne relie le promontoire à l'intérieur des terres. Il faut, pour y arriver, soit prendre à Malaga un paquebot français de la Compagnie Transatlantique qui y fait escale tous les huit jours en allant d'Oran à Tanger, soit faire de Cadix à Algésiras douze heures de diligence, et traverser ensuite la baie d'Algésiras, soit s'embarquer à Cadix pour Tanger, et de là gagner Gibraltar par un bateau quelconque, sans aucune certitude de correspondance. C'est le premier de ces trois modes que nous employâmes en prenant place,

8

le 1er avril, à neuf heures du soir, à bord de l'*Ajaccio*, dans le port de Malaga.

De Séville à Malaga le trajet est de huit heures. Au delà de Bobadilla, petite station à laquelle le croisement de plusieurs lignes ferrées donne quelque importance, la voïe, ayant à traverser la Sierra Tejada, s'engage en pleine montagne, et dans l'intervalle des tunnels, côtoie des gorges magnifiques creusées par les torrents dans la roche vive. Puis, les hauteurs franchies, elle débouche dans la « vega » ou plaine de Malaga, plantée de vignes et célèbre par sa fertilité.

A peine avions-nous mis le pied sur le quai d'arrivée qu'une nuée de porteurs, de cochers, de garçons d'hôtel, nous assaillit, se jetant sur nous, s'emparant de nos colis, nous bousculant, nous séparant, nous étourdissant de leurs cris. Il fallut se quereller pour échapper à leurs griffes et s'enfuir en voiture. Encore une espèce d'interprète qui baragouinait l'anglais s'était-il cramponné au siège du véhicule, et un affreux batelier nègre courait-il à toutes jambes derrière nous ; ce malheureux nous suivit ainsi à la course deux heures durant, pour arriver, moyennant quelques sous, à nous faire traverser le port dans son canot, et à nous amener le long des flancs de l'*Ajaccio*.

Le paquebot ne devait partir que deux heures plus

tard. Avant de prendre le repos qu'une journée tout entière de chemin de fer nous avait bien fait gagner, j'allai faire un tour sur le pont. La nuit était magnifique, la mer d'un calme plat. Sur l'avant, de grands Arabes s'étaient endormis, roulés dans leurs burnous, et mêlés à quelques chasseurs d'Afrique ; ceux-ci accompagnaient trois officiers français chargés d'offrir au Sultan du Maroc des chevaux d'Algérie, de la part du Président de la République. Dans un salon, un gros turc en turban rêvassait mélancoliquement, à côté de deux petites religieuses qui récitaient leur rosaire.

Vers onze heures, le paquebot leva l'ancre. Sans le fracas des machines, des chaînes et des cabestans qui troubla notre sommeil, nous ne nous serions pas aperçus du départ, car le plus léger roulis ne se fit même pas sentir pendant les cinq heures de la traversée.

Nous étions depuis longtemps en rade de Gibraltar le lendemain matin, lorsque j'ouvris les yeux. J'eus hâte de courir sur le pont et de jeter un premier coup d'œil sur la baie d'Algésiras. Déjà le soleil du matin la faisait resplendir. Vers le sud, on voyait nettement la côte africaine, dont les hautes montagnes se profilaient sur le ciel, et paraissaient toutes voisines ; derrière nous un vaste hémicycle de collines enserrait les eaux bleues de la baie ; et sur le rivage occidental, les maisons blanches d'Algésiras formaient un groupe très distinct. A l'est, enfin, se dressait solitaire, formidable, superbe, l'énorme roc de Gibraltar, aire d'aigle d'où rien, depuis près de deux siècles, n'a pu chasser les vautours anglais.

Le colosse présente à la baie ses flancs pelés de roche grise, au bas desquels la ville et ses jardins semblent se blottir. Au sommet de la pointe la plus haute, un sémaphore fait flotter ses pavillons, et une vigie, surveillant les mers environnantes, au moyen de ce télégraphe aérien, demande à tout navire prêt à passer le détroit, son nom et sa nationalité. L'immense bloc est taillé à pic du côté de l'Espagne, et s'abaisse en pentes moins rapides vers le sud et l'Afrique. Une étroite langue de sable marécageuse est le seul lien qui le rattache au continent européen ; aussi de la mer croirait-on voir une île.

Seuls, les vaisseaux de guerre anglais ont le droit de s'approcher de la côte, où ils se rangent dans une sorte de port militaire. Tous les autres navires sont tenus à respectueuse distance, et restent à l'ancre dans la rade. Pour être conduits à terre, nous prîmes donc un de ces petits canots qui étaient venus en foule assiéger le paquebot et s'en disputer les passagers.

Mais à peine nous a-t-il débarqués, que nous nous

sentons sur une terre dont les maîtres ne sont pas sûrs. A droite, à gauche, des files de canons sont braquées vers la mer, par les embrasures de murailles épaisses. Il nous faut, pour pénétrer dans la ville, obtenir un permis au bureau du port. Nous passons sous de doubles poternes étroites et défiantes, qu'on fermera au coucher du soleil ; et la place où elles nous permettent d'arriver, bordée de tous côtés par des logements militaires, est plus semblable à une cour de caserne qu'à une place publique : un régiment de tirailleurs vêtus de noir, la petite toque écossaise sur l'oreille, y fait l'exercice ; un poste est là, sous les armes ; une sentinelle va et vient rapidement, son rifle à la main ; de toutes parts, on aperçoit des soldats anglais, tous grands, tous blonds, tous raides, tous gourmés, avec leurs jaquettes rouges, leurs buffleteries blanches, leurs casques de toile à pointe de cuivre. Ils sont là huit mille, armés comme en guerre, qui gardent à leur patrie cette belle et précieuse clef de la Méditerranée.

Gibraltar n'a qu'une longue rue principale, que traversent de nombreuses ruelles, arrêtées d'un côté par les batteries qui bordent la mer, de l'autre par l'escarpement de la montagne. L'aspect de la population est tout à fait extraordinaire : c'est un mélange de juifs, de Marocains, d'Espagnols, de matelots, de soldats anglais, de contrebandiers, d'aventuriers de toutes nations. Cette foule active, bariolée de visages autant que de vêtements, est des plus étranges.

L'hôtel où nous sommes descendus s'est évidemment flatté en se qualifiant de Royal. Il n'avait rien, ni comme dimensions, ni comme confortable, qui pût justifier cette épithète. Mais tout y était scrupuleusement anglais, les propriétaires et les voyageurs, le service de table et le thé, l'ale et les sauces. Non vraiment, ce n'est plus là l'Espagne; le pays est conquis et dénationalisé. La griffe anglo-saxonne a enlevé à la ville de Gibraltar jusqu'à la plus petite trace de la gaîté espagnole, pour lui imprimer l'aspect morose et gris d'une cité anglaise, avec ses grandes bâtisses sombres, et l'activité toute commerciale de ses rues.

Cependant, elle n'a pu tarir la richesse du sol même, et à peine a-t-on franchi la Porte d'Europe, vieux reste des murailles espagnoles, où sont encore gravées les aigles de Charles-Quint en face des léopards britanniques, que les jardins publics de l'Alameda déploient sur les flancs de la montagne une végétation tropicale. C'est par eux que nous commençâmes notre excursion dans la presqu'île. Les palmiers chargés de dattes, les figuiers, les baobabs monstrueux, les nopals tordus et grimaçants, des fleurs étonnantes, des verdures inconnues, formaient autour de nous de merveilleux parterres que nous ne pouvions admirer sans pousser des exclamations de plaisir.

Au delà, la route s'élevait peu à peu, et le paysage s'élargissait à mesure ; bientôt nous dominions toute la baie d'Algésiras et ses côtes montueuses ; enfin, nous atteignîmes la Pointe d'Europe, et là, non loin du phare et de la maison d'été du gouverneur militaire, nous fîmes halte quelques instants.

A perte de vue, la Méditerranée étendait ses eaux, de ce bleu si profond et si beau, auquel les teintes célestes peuvent seules être comparées. Derrière nous, vers Malaga, un peu de brume estompait les rivages d'Espagne et les blancs sommets de la Sierra Nevada ; mais du côté du Maroc nous distinguions sans effort les plateaux de neige des montagnes du second plan, et, au pied de celles du premier, les maisons blanches et les casernes de Ceuta, la colonie espagnole.

Au-dessus de nos têtes, l'énorme rocher s'élevait, raide, sauvage ; à nos pieds la mer venait battre un chaos de granit, s'engouffrer avec fracas sous des grottes, et changer le saphir de ses flots en poussière de diamant. Au loin, le soleil, en s'y reflétant, l'embrasait jusqu'à l'horizon, et nous aveuglait par l'intensité de son rayonnement. Trois vaisseaux de guerre allemands naviguaient seuls sur cet océan de flammes ; ils échangeaient les signaux d'usage avec la vigie anglaise, avant de passer le détroit et de pénétrer dans la baie pour y jeter l'ancre.

La majesté sans égale de ce grandiose et inoubliable panorama nous aurait captivés jusqu'à la fin du jour, si la raison ne nous en avait arrachés. Notre voiture reprit donc le chemin de la ville, le même qui nous avait amenés, car à l'est le rocher plonge presque verticalement dans la mer, et ne peut être contourné de ce côté.

Notre attention s'était jusque-là donnée tout entière au paysage ; pendant le retour elle se porta sur l'effrayante puissance militaire de Gibraltar. A chaque pas, nous longions des poudrières, des magasins de projectiles, des batteries en état, des casernes, dont quelques-unes, pour les soldats mariés, ressemblent à des cités ouvrières. En vingt endroits, la jaquette rouge d'une sentinelle piquait d'un point écarlate le vert sombre de la montagne. Partout, enfin, depuis la pointe la moins accessible du rocher colosse jusqu'à la ligne de l'eau, des canons, quelquefois énormes, braquaient leurs gueules de bronze sur tous les points de l'océan.

Mais l'ouvrage de défense qui paraît le plus formidable au voyageur, ce sont les casemates creusées dans le flanc même de la montagne. Grâce à une autorisation obtenue par l'intermédiaire du Consulat de France, nous avons pu les visiter sous la conduite d'un adjudant d'artillerie. Sur toute la face verticale du rocher qui regarde l'Espagne, trois étages de galeries ont été percés dans le granit, à différentes hauteurs. La majeure partie du travail fut exécutée il y a près d'un siècle par les convicts déportés ; mais on le poursuit toujours, et c'est par kilomètres que la longueur du chemin parcouru se chiffre aujourd'hui. Hautes et larges comme des grottes naturelles, ces galeries, tous les vingt pas, forment des chambres, que termine un trou béant sur la campagne. Contre les parois, des obus sont rangés en piles, et par chaque embrasure un gros canon menace les terres espagnoles. L'immense rocher est miné, contreminé, criblé et percé à toutes ses hauteurs.

Ainsi bondées de bouches à feu inattaquables du dehors, ces galeries, aériennes et souterraines à la fois, feraient à coup sûr le plus grand mal à des troupes qui, par terre, tenteraient une attaque sur Gibraltar ; mais sont-elles en réalité aussi formidables qu'elles le paraissent ? C'est ce qu'on n'oserait affirmer.

D'abord parmi les milliers de canons qui hérissent la forteresse, je n'ai vu que des pièces se chargeant encore par la bouche, c'est-à-dire d'un modèle hors d'usage, et d'un chargement d'autant plus difficile et plus lent que les servants se trouvent resserrés dans un espace plus restreint. Ensuite quelques coups tirés de chaque pièce dans ces casemates ne suffiraient-ils pas pour les rendre inhabitables pendant un certain temps, et pour menacer d'asphyxie les canonniers qui tenteraient de prolonger le feu ?

Quoi qu'il en soit au fond, il reste vrai que, à première vue, toutes ces défenses, complétées encore par les batteries extérieures qui couvrent le bas de la côte, font le plus terrifiant effet.

Du haut d'une de ces galeries, qu'on atteint par des chemins couverts et invisibles, un petit sentier, long de quelques mètres à peine, s'accroche aux flancs du rocher, et permet de jouir d'une vue magnifique, sur la ville qui bourdonne au bas de l'escarpement, sur toute la baie endormie dans un amphithéâtre de montagnes, sur les vaisseaux de tout rang ancrés dans la rade, sur l'isthme inculte et sablonneux qui sépare les lignes anglaises de la première bourgade espagnole, nommée Lina, et de San Roque, perché un peu plus loin sur un mamelon. Tandis que nous contemplions ce spectacle, quelques flocons de fumée parurent sur les eaux bleues de la baie, et des coups de canon répétés retentirent : l'escadre allemande venait de s'arrêter en rade, et envoyait son salut aux autorités britanniques.

Au sortir des casemates, nous sommes redescendus vers la ville, et nous avons fait le tour du gigantesque rocher par le nord, c'est-à-dire du côté de la terre, longeant ainsi la base de cette masse effrayante taillée verticalement jusqu'à une hauteur de treize cents pieds.

Sur le rivage oriental de la montagne, c'est-à-dire vers la Méditerranée, un curieux hameau de pêcheurs, composé d'une trentaine de maisons, se blottit au fond d'une anfractuosité. Ces pêcheurs sont d'origine italienne ; ils ne sont qu'une poignée, mais depuis plusieurs siècles, ils vivent et se perpétuent dans ce coin ignoré, conservant leur langue d'origine qui, paraît-il, est un certain dialecte gênois. Leurs cabanes sont sans cesse menacées par les éboulements pierreux qui se produisent parfois encore du sommet de la montagne, et que les Anglais n'ont garde de prévenir. Cette côte abrupte n'est-elle pas une défense toute naturelle pour leur forteresse ? De grosses roches, bizarrement rongées, ferment l'étroite grève où les barques viennent s'échouer ; les mouettes y nichent par milliers, et les vagues s'y renversent en flocons d'écume.

Dans ce site sauvage et paisible, la vue d'un poste anglais nous rappela que nous étions en pays conquis, et que les conquérants sont jaloux de leur proie. C'est par centaines qu'il faut compter les hommes de garde, postés jour et nuit sur ce bout de terre. On ne peut y faire cinquante pas sans rencontrer un factionnaire impassible, battant le sol d'un pas rapide devant sa guérite, selon l'usage de l'armée britannique.

La rigueur de leur vigilance a des conséquences originales ; c'est ainsi que sur la langue de sable qui relie les deux territoires, les sentinelles anglaises sont perpétuellement tournées vers l'Espagne ; or, au moment où nous passions dans le voisinage de l'une d'elles, un bel officier rouge suivait la route qui est en deçà du sentier frontière ; le soldat sans quitter sa position, et les yeux toujours dirigés vers les terres espagnoles, porta l'arme à son supérieur en lui tournant le dos.

J'achevai cette belle journée par une promenade pédestre aux jardins de l'Alameda. Au milieu des arbres exotiques, les Anglais y ont élevé sur des piédestaux de marbre les bustes du général Elliot et de Wellington ; et j'eus le plaisir de lire sur la colonne de ce dernier, une inscription tout à fait gracieuse à notre endroit : la France y est traitée de nation barbare, Napoléon de tyran atroce et exécré, ses armées de bandes sanguinaires et sauvages, et Wellington mérite d'entrer au panthéon de l'Histoire pour en avoir délivré l'Europe et l'humanité. On n'est pas plus courtois !

Les promeneurs jouissaient en assez grand nombre du calme délicieux des dernières heures du jour. Au milieu d'eux je pouvais me croire en pleine Albion ; les vestons à carreaux des touristes de passage, les amazones ridicules, les airs languissants des miss blondes ou rousses, leurs raquettes de tennis, les sous-lieutenants de la garnison dévêtus de leur uniforme (car un officier anglais ne reste jamais en tenue en dehors du service), et aussitôt affublés, en bons joueurs de cricket, de souliers jaunes, de laine blanche et de flanelle rayée, tout concourait à l'illusion.

Mais ce ne sont pas seulement ces bizarreries inoffensives que le peuple anglais promène avec lui sous toutes les latitudes du globe ; il ne se défait pas non plus de ses vices, en s'éloignant de la mère-patrie. C'est ainsi que nous avons revu dans les rues de Gibraltar des nez rubiconds et des faces avinées, disgrâces que la sobre Espagne ne connaît pas ; et de loin notre guide nous montra un grand bâtiment dont les tours blanches ressortaient sur les pentes de la montagne : c'était un hôpital d'alcoolisés et de fous furieux. Un refuge de cette nature est donc indispensable pour une agglomération qui ne dépasse pas dix mille Anglais, le reste de la population étant espagnol ou cosmopolite.

Vers sept heures, le dîner nous rappela au Royal-Hôtel. Au moment où nous allions prendre place à table d'hôte, les vitres tremblèrent soudain et un coup de canon éclata. Chaque soir, à l'heure précise où le soleil disparaît à l'occident, la forteresse anglaise lui envoie ce bruyant adieu. La ville, à ce signal, revêt plus que jamais l'aspect d'une citadelle ; dans toutes les casernes le clairon sonne les appels ; des patrouilles commencent leurs rondes nocturnes ; et les portes de la cité, fermées de toutes parts, restent inexorablement closes, jusqu'à ce que, le lendemain matin, une nouvelle détonation ait annoncé le retour de la lumière. A partir de ce moment les habitants n'ont plus le droit de sortir de chez eux, s'ils n'ont un permis du gouverneur.

Tandis qu'on me donnait ces détails, un charivari extraordinaire se fit entendre dans la rue ; je courus à la fenêtre. Au loin, précédé par un tambour-major, un peloton d'habits rouges et de casques blancs apparaissait dans la pénombre et s'approchait rapidement ; huit fifres sifflaient de petits airs bizarres, sur lesquels huit tambours et une grosse caisse rythmaient des roulements frénétiques. C'était la retraite. Elle passa sous nos fenêtres avec un fracas de tonnerre, puis s'affaiblit peu à peu en s'éloignant, pour repasser bientôt et rentrer dans ses quartiers.

A neuf heures et demie, nouveau coup de canon, parti de la pointe la plus élevée du rocher ; nouvelle retraite, nouvelle musique endiablée. Puis, sur la place obscure et déserte, les fantômes rouges s'arrêtèrent ; les fifres jouèrent en notes grêles le *God save the Queen*, et pour couronner tout cet appareil militaire, les clairons entonnèrent tous ensemble un solennel couvre-feu, après lequel la grande citadelle s'endormit sous la sauvegarde de ses canons.

Il se tient quotidiennement à Gibraltar, près de l'embarcadère, un curieux marché de volailles vivantes, d'œufs et de vannerie, réservé aux juifs marocains. Je commençai ma journée du mercredi 3 avril, par aller voir dans leurs échoppes ces fils d'Israël, tous également gros, également laids, également sordides. Leurs costumes exotiques ne manquent pas d'étrangeté ; ils laissent nues leurs jambes sèches et nerveuses, et chaussent leurs pieds de babouches traînantes.

Nous fîmes ce jour-là une charmante excursion à Algésiras, qu'un petit vapeur espagnol relie à Gibraltar ; trois quarts d'heure suffisent à la traversée. La baie était calme et bleue comme un lac de Suisse ; à mesure que le navire fendait le miroir de ses eaux, le roc anglais se montrait à nous plus altier et plus majestueux que jamais. C'était un décor d'une indescriptible beauté.

Algésiras n'a pas de port, et pourrait cependant en posséder un excellent ; mais le gouvernement n'a pas d'argent pour le lui donner. Voilà l'invariable motif par lequel on répond en Espagne aux étonnements du voyageur devant le délabrement de la marine, l'état déplorable des routes, la décrépitude des plus précieux monuments.

La ville, affirme-t-on, a 18.000 habitants ; on ne s'en douterait guère quand on en parcourt les rues, tant elles sont désertes et silencieuses. Les maisons y sont encore plus blanches et les fenêtres plus grillées que partout ailleurs ; d'épais barreaux, croisés, formant saillie sur la façade, en interdisent l'accès, et jusqu'à hauteur d'homme, une seconde grille intérieure en bois ou en fer, très ouvragée mais presque pleine, renforce cette première défense. Toutes ces ferrures sont peintes en vert cru ; et les balcons vitrés sont remplis de fleurs.

Sous la brûlante étreinte du soleil de midi, la ville semblait endormie à la façon des châteaux enchantés ; pas un bruit n'en troublait la solitude, et nous aurions pu la croire abandonnée, si, près de chacune de ces fenêtres doublement infranchissables, notre regard n'eût pas croisé celui d'une femme ou d'une jeune fille qui travaillait dans l'ombre fraîche, et nous dévisageait au passage, d'un petit air moqueur et surpris.

Les rues d'Algésiras sont pavées de ces abominables cailloux pointus, pour lesquels les villes andalouses ont une prédilection. Quelques-unes atteignent des degrés de pente et de tortuosité inconnus jusqu'à elles, et leur sol semble rendu inégal et montueux à plaisir. Elles aboutissent cependant à une assez belle place dallée, ornée d'une colonne. Le portail béant de l'église, dont on battait les nattes au dehors, nous invita à y jeter un coup d'œil ; église modeste, avec des saints coloriés et habillés, des fleurs en papier, d'affreuses sculptures. Un coin de la muraille, que surmontait une niche, était couvert de hideux magots de cire, et de tresses de cheveux infectes : ce sont des ex-voto très répandus en Espagne ; mais comme il faut plaindre le saint à qui on les offre !

Algésiras a une garnison d'infanterie. En passant devant la caserne, je fus frappé du contraste entre ces petits fantassins noirauds, maigres, mal nourris, poussiéreux, paresseux, traînards, vêtus d'uniformes lamentables, et ces superbes soldats anglais qui veillaient de l'autre côté de la baie, si hauts en couleur, si raides, si arrogants, nourris de roastbeef, irréprochables dans leur tenue, montant sévèrement leurs factions, et paraissant toujours être à la parade. Et derrière ces deux armées si dissemblables, je songeais aux deux peuples, l'un industrieux et matériel, toujours courbé sur des chiffres, ne respirant que le jaune brouillard et la fumée des usines, couvrant de ses flottes toutes les mers du monde, et récoltant l'or à pleines mains; l'autre trop amoureux du soleil et de la guitare pour s'astreindre au travail, rassasié d'une orange et d'une poignée d'olives, indolemment couché sur la terre roussie, et regardant s'envoler ses rêves dans les bouffées d'une cigarette éternelle.

Le bateau qui nous avait amenés nous fit regagner Gibraltar que nous devions quitter dans la nuit. Nous nous sentions le cœur serré de devoir dire un si prompt adieu à cette étape incomparable. Quel regret aussi de ne pas franchir ce détroit si court, de ne pas aller voir Tanger, de ne pas poser le pied sur cette belle côte d'Afrique qui, au déclin du jour, nous paraissait être à portée de la main, et nous dessinait avec une désolante précision les blanches maisons de Ceuta, les flancs abrupts et ravinés de ses falaises, les nappes de neige de ses montagnes !

Nous glissions doucement sur l'eau à peine ridée de la baie ; autour de nous tout le paysage redoublait de magnificence, comme pour nous impressionner plus profondément, et nous faire doublement déplorer le départ ; et bien que depuis deux jours nous l'eussions en permanence sous les yeux, notre émotion était aussi forte qu'au premier instant.

Alors un désir fou nous traversa l'esprit, celui de ne pas partir, et de dresser là notre tente, au risque d'y attendre huit jours entiers le passage du prochain paquebot et de mutiler notre voyage. Heureusement la sagesse du chef de famille vint à l'encontre de notre déraisonnable enthousiasme ; trop de belles choses nous attendaient ailleurs, et notre programme fut respecté.

Après le dîner et la première retraite, vers neuf heures du soir, nous quittâmes la ville forteresse, passant, moyennant des permis spéciaux nécessaires après le coucher du soleil, sous les poternes basses qui conduisent au quai. Un batelier, fripon comme tous ses pareils, exigea douze francs pour nous conduire en rade jusqu'à l'*Ajaccio* ; c'était le paquebot à bord duquel nous avions fait la traversée de Malaga à Gibraltar, et qui reprenait la même route au retour de Tanger.

Le navire ne leva l'ancre qu'à onze heures et demie. Jusque-là je restai sur le pont, égaré dans une rêverie délicieuse.

La mer était phosphorescente et calme comme une glace. Des millions d'étoiles perçaient un ciel d'une immuable pureté ; du milieu d'elles, Vénus comme un clou d'or, en même temps qu'un mince croissant de lune, disparaissait lentement derrière les montagnes d'Algésiras. La nuit n'était pas noire, mais bleuâtre et veloutée. L'air immobile laissait arriver jusqu'à nous les accords affaiblis d'un concert qu'on donnait dans les jardins de Gibraltar.

Soudain un éclair jaillit du poste de vigie, et presque aussitôt une formidable détonation secoua l'atmosphère, répétée sourdement et à l'infini par les plus lointaines montagnes. C'était le coup de canon de neuf heures et demie. De loin nous entendîmes alors les fifres et les tambours commencer, dans les rues de la ville, leur promenade stridente ; puis tout se tut mélancoliquement sur les notes solennelles et claires du couvre-feu...

Je contemplai longtemps l'immense forteresse naturelle accroupie sur l'océan comme un monstre endormi, et je gravai dans ma mémoire le souvenir de cette nuit enchantée...

VIII.

MALAGA. — GRENADE ET L'ALHAMBRA.

Notre seconde traversée fut aussi calme que la première, et nos cabines mieux placées nous épargnèrent le bruit des machines. A notre lever le paquebot était arrêté depuis une heure, et les quais de Malaga s'alignaient devant nous. Ainsi vue du port, la masse peu gracieuse de la cathédrale, qui a des dimensions considérables, émerge du sein des maisons agglomérées. A l'est, sur une colline, les restes imposants d'un château-fort arabe dominent la ville de leurs murailles rousses.

Le débarquement eut à subir les tracassières investigations de la douane, que la franchise dont jouit Gibraltar nous avait épargnées chez les Anglais. Bien que la journée fût encore peu avancée, la chaleur était déjà forte. Quelques courses me donnèrent un aspect de l'importante cité.

Elle compte plus de cent mille âmes. La « Calle Nueva », la « Calle de Granada » ont de riches magasins ; des quartiers neufs en voie de construction témoignent de la prospérité de la ville, qui cependant conserve encore beaucoup de ruelles pauvres, où grouillent des foules entières de gens en guenilles. Comme partout, des ânes doublement chargés et des troupeaux de chèvres aux mamelles gonflées de lait encombrent ces étroits boyaux, d'ailleurs vierges de tout balayage.

L'invitation d'un courtier posté à cet effet à l'Hôtel de Rome nous conduisit après le déjeuner aux entrepôts de la maison Hijos de Ramos Tellez, l'une des plus considérables dans le commerce des vins de Malaga.

Ce n'est pas dans des caves que l'on conserve les vins d'Espagne, mais dans des « bodegas », magasins très vastes où l'on entre de plain pied, et où les barriques sont accumulées jusqu'à la toiture. A l'aide d'un dé d'argent fixé au bout d'une baguette d'ébène, on puise dans les futailles la liqueur chaude et dorée :

et l'on nous fit ainsi goûter à sept ou huit espèces de vins excellents.

Au sortir de là nous avons perdu une heure précieuse à parcourir une immense usine désignée sous le nom d'Industrie Malaguègne, qui comprend une filature, un tissage et une teinturerie de coton, et occupe près de cinq mille ouvriers. J'admets que les habitants d'un pays peu industriel en soient fiers et la trouvent remarquable ; mais aller jusqu'à Malaga pour visiter une filature de coton, quand on habite une région comme le Nord, ce n'est vraiment pas la peine. Il avait fallu toute l'éloquence d'un voyageur espagnol pour nous persuader de faire cette visite ; encore était-ce par l'espoir d'un jardin rempli de fleurs que nous nous étions laissé séduire. Il y en avait en effet de belles à la suite des bâtiments de l'usine ; mais elles ne suffirent point pour justifier à nos yeux un tel emploi de notre temps.

Voici qui valut mieux. De Malaga une route conduit dans la campagne, en se dirigeant vers la ligne des sierras ; et cette route, quoique très carrossable, est tracée au cœur même d'une rivière pompeusement dénommée par les géographes le Guadalmedina. Des quais en marquent le cours ; des ponts permettent de la franchir ; mais d'eau il ne faut pas chercher la plus petite trace. Dans le lit très large et parfaitement sec de ce fleuve défunt, on tient des foires régulières, on parque des chariots, et des troupeaux errent en liberté.

C'est cette route qui mène aux jardins de la famille de Hérédia, et d'une autre encore dont je regrette de n'avoir pas conservé le nom. Que dirai-je de ces parcs incomparables ? A eux seuls ils mériteraient d'attirer le voyageur à Malaga. On y a réuni à prix d'or les productions les plus merveilleuses des régions tropicales, et sous le chaud soleil de la « vega », elles n'ont rien perdu de leur luxuriante vigueur. Pendant plus d'une heure nous nous sommes promenés sous des palmiers de mille espèces, sous des orangers couverts tout ensemble de fleurs et de fruits, sous de pâles citronniers, sous des cèdres, sous des eucalyptus au tronc pelé, sous des bananiers au feuillage immense. Des bosquets de bambous s'élançaient au bord des chemins ; d'énormes aloès panachés épanouissaient leurs feuilles puissantes et charnues ; et à l'ombre de ces arbres extraordinaires, des milliers de roses embaumaient l'air, et des tapis de violettes tenaient lieu de pelouses. Je n'avais jusque-là jamais rien vu d'aussi merveilleux ; seule Cintra devait plus tard déployer à nos yeux une végétation plus magique encore.

Ces jardins qui sont voisins, et rivaux peut-être,

entourent deux belles villas. Leur entretien exige l'effort de plusieurs brigades de jardiniers, et pour fertiliser toute cette précieuse culture, de savantes irrigations guident les eaux vives et claires à travers les massifs étagés.

Une particularité du second domaine : le propriétaire a réuni dans un petit pavillon dorique des antiquités romaines découvertes dans les environs, mosaïques, socles de marbre, statues et inscriptions.

Il était six heures quand nous sommes rentrés à Malaga, c'est-à-dire assez tard pour trouver fermées les portes de la cathédrale, sans aucun moyen de forcer ce huis-clos. Deux polissons d'enfants de chœur, témoins de notre désappointement, ne nous laissèrent pas de repos qu'ils ne nous eussent montré leur sacristie grande elle-même comme une église, mais ne renfermant rien de notable. Nous fûmes donc obligés de faire le sacrifice des richesses religieuses de Malaga, et cela très à regret, car l'on dit grand bien du chœur de la cathédrale, et d'une autre église appelée « los Santos Martires ».

Le lendemain matin 5 avril, nous quittions Malaga dans la direction de Grenade. Le début d'un trajet qui devait durer près d'une journée entière se fit en compagnie d'un prêtre espagnol, et d'un jeune homme entrevu la veille à l'Hôtel de Rome, où nous l'avions pris pour un Allemand tant il en parlait couramment la langue avec son voisin de table ; mais voici qu'en chemin de fer il se mit à causer en castillan avec l'abbé, et bientôt nous adressa la parole dans le français le plus correct pour nous apprendre.... qu'il était Portugais ! En peu d'instants le tour plein de finesse de sa conversation nous dévoila un esprit original et observateur. Il nous dit que les voyages le passionnaient, qu'il avait consacré le mois de janvier à parcourir la Suisse, et nous parla en termes enthousiastes de l'Andalousie, où il revenait toujours comme à son pays de préférence. J'aurais eu grand plaisir à l'avoir quelque temps pour compagnon de voyage ; mais il nous quitta à la station de Gobantès, d'où il allait partir en diligence pour Ronda, le vieux repaire arabe perdu au milieu des inaccessibles sierras.

Hélas ! que ne l'avons-nous suivi dans cette excursion réputée si belle ? « J'ai vu Ronda, s'écrie Mme de Robersart dans ses Lettres d'Espagne ; voilà qui suffirait au bonheur d'une vie entière ! »

A Bobadilla, déjeuner au buffet et changement de ligne. A partir de ce moment, le train n'avance plus qu'avec une insupportable lenteur. De Malaga à Grenade la distance à vol d'oiseau est de quatre-vingt-cinq kilomètres ; et les chemins de fer trouvent moyen de mettre dix heures à la franchir. Il est vrai que la voie n'est pas précisément directe, et qu'elle doit s'élever à plus de sept cents mètres d'altitude.

Il était donc quatre heures et demie du soir quand nous avons atteint Grenade, la fleur de l'Espagne, l'orgueil de l'Andalousie, chantée par les poètes de tous les temps et de tous les pays.

L'omnibus qui de la gare nous conduisit à l'Hôtel Washington Irving, nous fit d'abord traverser la ville de part en part; nous passâmes alors sous une porte surmontée des aigles de Charles-Quint, et au-delà, sans transition, sous les ormes géants d'un bois magnifique. Celui-ci à notre gauche couvrait une colline, et derrière l'enchevêtrement des grands troncs, nous apercevions confusément, couronnant la hauteur, une ligne de vieilles murailles et de tours carrées; c'était l'Alhambra. A droite, une autre colline moins étendue se terminait aussi par deux tours inégales, que leur couleur a fait appeler les Tours Vermeilles.

Dans l'espèce de ravin boisé que ces deux hauteurs laissent entre elles, la route monte assez rapidement jusqu'aux deux hôtels où les voyageurs trouvent un gîte; c'est en effet hors de la ville, et près du village qui s'est glissé dans l'enceinte ruinée de l'Alhambra qu'on les a construits. L'un deux, l'Hôtel « de los Siete Suelos » ou des Sept Étages, doit son nom, non pas à ses propres dimensions, mais à celles d'une vieille tour, aujourd'hui écroulée, à laquelle il est adossé. L'autre est le Washington Irving, où nous sommes descendus et que nous avons trouvé envahi par l'élément britannique : cinquante Anglais, quatre Espagnols et nous, ainsi se répartissaient les convives de la table d'hôte.

Dès le soir même, pendant le dîner, on vint nous proposer d'assister, au prix d'un douro (5 francs) par tête, à une soirée de danse et de musique organisée par une troupe de Gitanos. Ce spectacle nous tenta, et mon père et moi nous nous y rendîmes. La représentation avait attiré une vingtaine de spectateurs tout au plus ; elle se donnait au premier étage d'une maison voisine, dans une chambre simplement crépie à la chaux, plafonnée de poutrelles noircies, et mal éclairée par quatre quinquets. Des nattes de sparterie étendues à terre, laissaient libre au centre un carré de plancher réservé aux évolutions des danseurs. Voilà pour le décor, passons aux artistes.

Du côté des femmes, une demi-douzaine de gitanas, déjà vieilles, aux traits flétris, au teint bistré, presque hideuses ; à peine un peu de jeunesse et de fraîcheur donnait-il quelque grâce à deux d'entre elles. Leurs cheveux, bleus à force d'être noirs, plaqués sur les tempes et sur les joues, ramenés en accroche-cœur sur leurs fronts jaunes, rappelaient la disgracieuse coiffure des cigarières de Séville ; toutes avaient des fleurs, et pour vêtements, de jolis fichus de couleurs tendres, croisés sur la poitrine, des jupes longues couvertes de grands volants d'indienne à ramages, et bigarrées des nuances les plus criardes.

Du côté des hommes, deux gaillards aux yeux sauvages, portant chapeau de feutre à grands bords, petite veste étriquée arrêtée à la taille, souliers de cuir fauve à hauts talons.

Enfin ce singulier corps de ballet avait pour chef et pour musicien, un vieux gitano colosse, désigné sous le nom d'« El Capitan, » à qui ses traits durs, sa peau noire et tannée, faisaient la plus étrange physionomie qui fût possible. Il attaqua en manière d'ouverture un morceau de guitare, et dès les premières notes nous révéla un talent hors de pair. La sonorité de son jeu fébrile se soutint deux heures durant ; il exécuta sous nos yeux de véritables tours de force.

Les danseuses, entre temps, causaient entre elles, riaient, se faisaient des niches avec un parfait sans-gêne. On ne peut pas avoir plus complètement l'air de se moquer de son public. Elles entrent en scène tantôt par couple, tantôt à quatre ou à cinq ; dans leurs danses, tour à tour lentes et animées, le buste et les bras jouent autant de rôle que les jambes ; elles y ajoutent de temps en temps des mouvements de hanches et des contorsions d'où la grâce est tout à fait absente. La classique « cachucha » et la « jota » aragonaise étaient au programme, ainsi que le « fandango » après lequel toutes les danseuses font le tour de la chambre, en mettant la main sur l'épaule de chaque spectateur, symbole d'une embrassade générale. Une autre figure, nommée le « torillo », simule avec quelque élégance un combat de taureaux, l'une des gitanas agitant un foulard de soie devant l'autre qui la poursuit.

Mais ce qu'il y a de plus extraordinaire dans ces danses, c'en est l'accompagnement : il consiste en accords de guitare, bruits de castagnettes, claquements de doigts, battements de mains bien rythmés exécutés sans interruption par toute la troupe, cris et chants bizarres, mélopées lentes proférées en fausset par les femmes ; enfin, un homme gratte sans cesse avec un morceau de métal sur une sorte de rape en fer blanc, et ce grincement sauvage complète le charivari.

Telle fut notre première soirée à Grenade. Le lendemain, hélas ! nos yeux s'ouvrirent sur un ciel tristement badigeonné de gris. Qu'était devenu notre beau soleil ? Les nuages, que nous ne connaissions plus depuis trois semaines, semblèrent prendre à tâche de gâter notre séjour, en crevant à tout instant sur nos têtes, en attristant tous les paysages, en couvrant d'un voile impénétrable les merveilleux horizons de montagnes, dont Grenade est entourée. Il nous fallut faire appel à toute notre philosophie pour essuyer ces désolants déluges et faire contre mauvaise fortune bon cœur.

Afin d'ordonner nos excursions dans Grenade et de ne rien omettre, nous avions loué à Washington Irving les services d'un vieux guide nommé José Ximénès, qu'on nous avait fort recommandé. Cet excellent homme nous donna pleine satisfaction et nous amusa plus d'une fois par l'étendue de ses connaissances, la sûreté de son goût, son enthousiasme presque enfantin, et la saveur de ses barbarismes.

Notre matinée du samedi 6 avril fut consacrée tout entière à l'Alhambra, et ne nous suffit pas à en épuiser les merveilles. Que de souvenirs historiques évoqués par ces murailles ! Que d'intérêt attaché à ces ruines ! Car ce sont bien des ruines, et des plus délabrées qu'il y ait : et rien n'est attristant comme de voir l'action néfaste de la sottise et de l'incurie des hommes, aider celle du temps pour aboutir à un tel résultat.

La décadence a commencé le lendemain même de la conquête chrétienne, au XVe siècle. Isabelle et Ferdinand, à qui pourtant la place ne manquait pas sur cette terre toute nouvelle, ont mutilé les mosquées ; Charles-Quint, coutumier de destruction, a fait abattre tout l'ancien palais d'hiver des khalifes, c'est-à-dire la moitié des édifices moresques, pour y élever à la place un lourd palais toscan, qu'il n'a jamais achevé, et dont les lamentables débris s'écroulent sous le poids de trois siècles et demi d'abandon. Sous l'empire de je ne sais quel incompréhensible vandalisme, on a enlevé et dispersé le dallage de marbre qui couvrait autrefois la célèbre Cour des Lions, et en quelques endroits, on a perdu à jamais sous des couches de plâtre les plus riches arabesques. Pendant longtemps, le palais ouvert et délaissé a été la proie des voyageurs anglais qui, cédant à leur révoltante manie, ont peu à peu détruit des panneaux entiers de mosaïque pour en emporter les fragments. Enfin, comble d'ignominie, l'Alhambra a servi de bagne !

Aujourd'hui bien tardivement, on essaie de restaurer ce joyau ; des gardes le protègent ; des maçons le réparent ; des artistes tentent avec quelque succès de faire revivre les arabesques perdues ; mais les ressources manquent ; l'État n'a pas un sou, et l'œuvre insuffisamment conduite, marche avec beaucoup de lenteur.

En attendant, les tours s'écroulent, les colonnes dévient, les murailles se fendent, les chambranles de marbre se penchent et se courbent comme des plaques métalliques faussées ; les galeries se déforment ; les riches couleurs, les dorures, les enluminures ont disparu, et l'Alhambra reste une ruine dont le sauvetage me paraît bien problématique. Mais peut-être est-elle ainsi autrement grandiose et émouvante que si la restauration en était achevée.

L'Alhambra était jadis une vaste citadelle en même temps qu'un palais. Son enceinte de murailles et de tours carrées à créneaux embrasse un terre-plein de plus de cinq cents mètres de long et deux cents de large, et couvre tout le plateau d'une colline très abrupte entourée de bois. C'est une situation presque unique au monde.

La principale entrée est pratiquée dans l'une des grosses tours du versant occidental ; on l'appelle la Porte de Justice. C'est une belle et haute arcade évidée en cœur, doublée à l'intérieur d'une autre moins élevée. A la clef de la première voûte, une main levée vers le ciel est gravée ; la seconde porte une clef, emblème mystique qui rappelait un verset du Koran. « Quand l'une saisira l'autre, disaient aussi les Arabes, les Chrétiens entreront dans l'Alhambra. »

Non loin de cette porte sombre que les routes atteignent en serpentant dans les bois, l'une des rampes est, depuis Charles-Quint, ornée d'une belle fontaine dont les sculptures figurent trois têtes de fleuves; mais le temps en a fort effacé les bas-reliefs.

C'est devant la Porte de Justice que, après la prise de l'Alhambra par les Rois Catholiques, Boabdil est venu recevoir Ferdinand et Isabelle pour leur livrer les clefs de ses palais. A leur approche il voulut, dit-on, mettre un genou en terre ; mais courtois envers le khalife vaincu, Ferdinand l'invita à monter à cheval, et tous trois pénétrèrent dans l'enceinte, suivis des seigneurs castillans. A peine avaient-ils fait quelques pas sous la voûte qu'Isabelle fit sur place dire une messe d'actions de grâces par son ministre le cardinal de Mendoza ; on montre encore l'angle du passage où l'autel portatif fut dressé.

Ce seuil sévère et mystérieux s'ouvre sur la Cour des Citernes qui recouvre, en effet, d'immenses réservoirs souterrains. Les Arabes, passés maîtres dans l'art des aqueducs, y ont amené des montagnes l'eau des sources du Darro ; elle s'y accumule très fraîche et très limpide, et les « aguadores » de Grenade viennent chaque jour en foule en approvisionner leurs barils.

L'extrémité nord de cette espèce de place d'armes

est aussi celle du plateau ; là s'élève, auprès d'anciennes prisons écroulées il y a peu d'années à la suite d'un tremblement de terre, et au milieu des ruines de la kasbah, c'est-à-dire de la citadelle proprement dite et des logements militaires, une tour carrée et massive, que surmonte sous un campanile une cloche destinée autrefois à annoncer la distribution des eaux. On l'appelle la « Torre de la Vela » ou Tour de la Cloche. De pauvres gens l'habitent, à l'affût d'une aumône, et un mauvais escalier de pierres usées conduit au sommet.

Du haut de cette plate-forme, le panorama est éblouissant : au pied du mont, Grenade tout entière, déployée en éventail, étale son fouillis de maisons, de toits et de ruelles. A l'ouest et au nord, l'immense « vega », c'est-à-dire la plaine, s'étend à perte de vue, bien verte, bien fertile, clairsemée de villages et de blanches métairies, arrosée par le Xenil, et bornée dans le lointain par une ligne de montagnes grisaillées.

A l'est, le Darro creuse bruyamment son ravin au bas du côté le plus escarpé de la colline. On prête à ce torrent le mérite de rouler des sables d'or. Il entoure « Albaycin », la plus antique partie de Grenade (c'était là le nom arabe de la ville), et sur le versant opposé du ravin, sur le « Monte Sacro », où grimpent les lignes roussâtres des anciens remparts moresques, on distingue, au milieu d'une forêt de cactus, des pans de rochers blanchis à la chaux autour de quelques trous sombres : là sont creusées les tanières de tout un peuple de Gitanos.

Enfin, au sud, derrière l'Alhambra et les murs blancs du Généralife qu'on aperçoit un peu plus loin au milieu des cyprès, la puissante Sierra Nevada déroule ses nappes neigeuses avec une incomparable majesté. Mais hélas ! il fallait pour l'admirer un temps plus clair que celui que nous avions ce jour-là; les nuages plombaient le ciel et nous cachèrent obstinément le panorama de la Sierra.

Cette vue merveilleuse, que j'ai fort insuffisamment esquissée, on la retrouve, à chaque pas, sur les terrasses de l'Alhambra, sur les « miradores » du Généralife, sur les collines environnantes, et chaque fois elle revêt un aspect nouveau, de plus en plus captivant.

Nous l'admirions pour la première fois avec ravissement du haut de la Tour de la Vela, quand notre guide interrompit nos réflexions par une anecdote. Lors de la conquête chrétienne, nous dit-il, un corps de six mille Espagnols ayant pénétré par surprise dans l'Alhambra sous la conduite du cardinal Ximénès et du comte de Tendilla, celui-ci monta au faîte de cette même tour où nous étions ; dominant alors toute la ville et sa plaine, il brandit par trois fois ses étendards, en s'écriant, dans une sorte de prise de possession solennelle : « Granada ! Granada ! para los inclytos reyes don Fernando y doña Isabel ! » Le gros de l'armée catholique campait au loin dans la campagne ; les deux souverains aperçurent les étendards et comprirent le signal ; le lendemain Grenade tout entière tombait en leur pouvoir. Cela se passait le 2 janvier 1492. Et chaque année encore l'anniversaire de cette date donne lieu dans Grenade à de grandes fêtes populaires.

Après la Tour de la Vela, on nous mena au Jardin de la Sultane, terrasse étroite et fleurie, audacieusement plantée sur la lisière des ruines. Puis longeant les restes de la tentative avortée de Charles-Quint, nous pénétrâmes par une entrée latérale dans le palais proprement dit, et d'abord dans la Cour des Myrtes.

C'est un patio rectangulaire, occupé par un long bassin de marbre rempli d'eau verte, et encadré par des buissons de myrtes taillés géométriquement. Il est sobrement décoré, et pourtant les dessins ciselés au-dessus de ses arcades sont parmi les plus jolis qu'on puisse voir.

Au fond de cette première cour s'élève la Tour de Comarès qui renferme la Salle des Ambassadeurs, l'une des plus belles et des mieux conservées de l'Alhambra (1). Elle a gardé intactes ses mosaïques de faïence jusqu'à hauteur d'homme, et au delà, jusqu'à la corniche de la coupole, son revêtement de stuc où le génie arabe a sculpté ses fantaisies les plus gracieuses. Le plafond est en mosaïque de cèdre ; de grandes étoiles s'y entrecroisent dans toutes les combinaisons linéaires imaginables. Ces plafonds de bois sont nombreux à l'Alhambra ; jadis ils étaient peints comme le reste, et aujourd'hui les parties blanches qui, seules ont un peu résisté au temps, ressemblent à s'y méprendre à des inscrustations de nacre.

Parmi les ornements des murailles que Théophile Gautier comparait avec tant de justesse à des guipures superposées, l'écriture arabe occupe une place importante. Elle court en longues frises pour encadrer les panneaux et dessiner les archivoltes. Ces inscriptions répètent à l'infini les mêmes caractères : c'est d'abord l'écu d'Alhamar, le khalife qui fonda l'Alhambra, portant en bande le mot arabe « félicité », puis la devise du même prince qui veut dire : « Dieu seul est vainqueur ».

(1) C'est dans la Salle des Ambassadeurs que Christophe Colomb, rebuté par le roi d'Aragon, vint implorer l'appui d'Isabelle la Catholique. La reine, confiante en son génie, le consola et lui donna tous ses bijoux ; ils permirent au grand navigateur d'entreprendre sa première expédition.

Dans toutes les galeries, dans toutes les pièces du palais, le pavage est de marbre blanc, et forme une multitude de petits bassins où l'eau jaillissait autrefois pour entretenir la fraîcheur de l'air ; des rigoles les font communiquer entre eux.

Enfin, dernier caractère commun : sur chaque seuil, deux petites niches, encadrées d'ornements d'une délicatesse extrême, sont creusées dans la muraille ; on les appelle « babucheros » ; les Arabes, en signe de respect, y déposaient leurs babouches avant d'entrer. C'est du moins l'opinion vulgaire. Mais les archéologues supposent, avec plus de vraisemblance, qu'on y plaçait des aiguières et des coupes, toujours prêtes pour étancher la soif des arrivants.

Mais ce serait folie que de vouloir noter par le menu les merveilles sans nombre dont l'Alhambra est pétrie. Des volumes n'y suffiraient pas, et je sens que la tâche est au-dessus de mes forces. Qui d'ailleurs me donnerait des termes pour exprimer ce qui est à peine exprimable ? Je ne ferai donc plus que citer des noms en courant.

La Cour des Lions est d'une idéale beauté. Je n'ai rien vu de plus exquis que les ciselures ajourées de ses arcades, les plafonds de ses galeries, ses deux pavillons, sa forêt de colonnes d'albâtre. Au centre, une double vasque de marbre est soutenue par douze monstres qui n'ont de lions que le nom, mais nullement l'apparence; c'était une fontaine en grande vénération auprès des Arabes d'Espagne, et leurs poèmes, dit-on, sont pleins de vers à sa louange.

Les constructions qui entourent les différents patios n'ont pas d'étage; ceci fait que la perspective d'ensemble, si charmante jusqu'à une certaine hauteur, se gâte malheureusement à la toiture, une lourde et ignoble toiture de tuiles rondes vernissées, du plus vilain effet. Mais les Mores faisaient toute chose pour le secret de leur intérieur, et rien, au dehors de leurs palais sans façade, ne laisse soupçonner les splendeurs qu'ils cachent au dedans.

Sur trois faces de la Cour des Lions s'ouvrent la Salle de Justice, la Salle des Abencerages et la Salle des Deux Sœurs.

La première est une galerie aux arcades un peu lourdes et plafonnées de stalactites, le long de laquelle trois cabinets en manière de niches sont pratiqués. Les khalifes, siégeant sur un divan, y jugeaient les différends des seigneurs.

Ces niches possèdent dans leurs plafonds en forme de barque renversée, des monuments d'une rareté inestimable: ce sont des peintures sur cuir de Cordoue, exécutées au XVe siècle, probablement par des captifs chrétiens, car la loi de Mahomet défend à ses adeptes la représentation des êtres animés, sous quelque forme que ce soit. Il avait fallu que le khalife, chef suprême de la religion, fît une exception formelle en faveur des douze monstres de la Fontaine des Lions. Ces vénérables peintures, un peu détériorées par endroits, ont cependant conservé un vif coloris ; l'une d'elles figure une joute dans la Cour des Lions ; l'autre, Boabdil sur son divan entouré de ses ministres ; la troisième, l'histoire d'une comtesse chrétienne qui, faite captive des Musulmans et poursuivie par un prince more, se jeta, pour lui échapper, dans le ravin du Darro du haut d'une tour de l'Alhambra.

La Salle des Abencerages rappelle une des plus tragiques révolutions de palais de la cour du dernier khalife. Elle porte le nom de la nombreuse et toute-puissante famille à qui Boabdil accordait sa faveur, et qui, à elle seule, composait son conseil des ministres. Une telle prééminence faisait le désespoir d'une autre famille aussi illustre, celle des Zégris, qui jurèrent un jour la perte de leurs rivaux. L'un des Zégris imagina d'accuser la sultane préférée du khalife de l'avoir trahi avec un Abencerage, mais sans préciser autrement. Ne connaissant pas le vrai coupable, et voulant à tout prix l'atteindre, Boabdil ordonna le massacre de tous les membres de la tribu favorite sans distinction. L'histoire rapporte que soixante-douze d'entre eux, avertis à temps, s'échappèrent par les souterrains de l'Alhambra, parvinrent au camp des Espagnols qui assiégeaient alors Grenade, et, s'étant faits chrétiens, se montrèrent parmi les plus acharnés à la conquête de la capitale moresque. Mais trente-six autres, prévenus par les ordres de Boabdil, ne purent prendre la fuite, et furent égorgés tous ensemble dans la salle qui porte leur nom.

La cour ayant aussitôt quitté l'Alhambra pour le Généralife, les cadavres restèrent amoncelés là pendant trois jours.

C'est à la suite de cette boucherie que le marbre blanc de la fontaine, où tant de têtes tombèrent, s'imprégna du sang des victimes, et depuis est demeuré couvert de larges taches rousses. La tradition veut même que des traces demeurées blanches soient dues à des mains et à la lame d'un sabre abandonné qui auraient empêché le sang de séjourner en certains endroits.

Cette explication, malgré sa parfaite vraisemblance, est mise en doute par beaucoup de voyageurs. La crainte de passer pour des naïfs en croyant une chose qu'ils n'eussent pas trouvée seuls me paraît être en cela leur unique souci. Ils expliquent lourdement et savamment, par je ne sais quelle infiltration ferrugineuse naturelle, la teinte brune que le marbre a revêtue, sans réfléchir qu'il est peu probable qu'on ait choisi précisément un bloc taché et enlaidi, une pierre de rebut, pour y creuser la fontaine d'une des plus belles salles du palais. Cette histoire de sang leur paraît un conte à dormir debout; ils ont tort de s'en échauffer la bile. N'est-ce pas d'une badauderie bien innocente de s'extasier devant les traces encore visibles d'un crime, quand ce crime est vieux de quatre cents ans?

La Salle des Deux Sœurs est, avec celle des Ambassadeurs, le plus beau reste des magnificences de l'Alhambra. Elle doit son nom à deux énormes dalles de marbre blanc comprises dans son pavage. Mêmes dentelles sur les parois, mêmes arabesques, même éclat des mosaïques. Le plafond en est hémisphérique et présente la plus incroyable complication de pendentifs, de stalactites, de petites coupoles où le poing n'entrerait pas, de dômes minuscules au fond desquels on voit encore les traces des dorures et des peintures bleues d'autrefois. L'œil, d'abord perdu dans ce désordre, finit cependant par en reconnaître l'étonnante symétrie.

La Salle des Deux Sœurs se prolonge en un ravissant recoin, le Mirador de Lindaraja, dont la double fenêtre, coupée en deux arcades par une colonnette de marbre, laisse voir la verdure d'un petit patio intérieur.

La Salle du Repos devait être aussi un charmant asile. Placée en sous-sol et baignée d'une lumière adoucie, elle comprend, sous les mille décors accoutumés, deux alcôves tapissées de faïence, où khalifes et sultanes venaient se reposer après le bain. Au sortir des piscines de marbre qu'on montre encore près de là, ils s'y endormaient, enivrés par le parfum des narghilés, sur les coussins d'étoffes précieuses, sur les divans de soie et d'or, tandis que dans les galeries qui coupent ce réduit à mi-hauteur, des esclaves, pour bercer leurs rêves, faisaient doucement vibrer les harpes et les luths.

Le « Tocador de la Reyna » était autrefois un petit oratoire musulman, où le muezzin venait saluer l'aube ; Isabelle la Catholique en fit son boudoir. C'est un cabinet, d'une configuration fort bizarre, qui surplombe le ravin au fond duquel mugit le Darro ; on y jouit d'une vue magnifique sur Albaycin et le Monte-Sacro. Les murs sont badigeonnés d'amours, de rinceaux, de campagnes et de flottes sur mer, dont le coloris criard est du plus mauvais goût ; mais le tout disparaît presque sous des milliers de noms écrits au crayon par des voyageurs, qui longtemps ont pu traiter l'Alhambra en pays conquis. Un officier français de l'expédition de 1823 a même poussé cette sotte manie jusqu'à graver patiemment son nom en lettres hautes de deux pouces dans une plaque de marbre !

Une des dalles du Tocador, percée de trous, laissait passer la fumée des parfums qu'on brûlait au-dessous ; et il suffisait à la reine Isabelle de se tenir un instant sur la pierre odoriférante pour embaumer tous ses vêtements.

Mais où serait la mesure si je voulais tout citer ? Je m'arrêterai donc en rappelant seulement le grillage attristant de quelques chambres nues où Jeanne la Folle fut internée ; et un petit musée contenant des restes des palais disparus. On y conserve en particulier un grand coffre de fer que Ferdinand et Isabelle trouvèrent rempli d'or et de pierreries ; et un magnifique vase d'argile de la hauteur d'un homme, tout couvert d'inscriptions arabes, et qui renfermait une autre portion du trésor des khalifes, la poudre d'or roulée par le Darro. Il existe deux vases semblables, et l'autre, nous a-t-on dit, a été transporté à Madrid.

Avant de quitter l'Alhambra, donnons un coup d'œil au palais de Charles-Quint. C'est une lourde masse carrée qui, terminée et placée ailleurs, n'aurait pas fait mauvaise figure ; mais, dans son état d'abandon, elle rappelle beaucoup les ruines incendiées de la

Cour des Comptes, à Paris ; même vide, même silence, mêmes végétations parasites. Les sous-sols sont à demi comblés par les gravois ; les voûtes percées par des pluies séculaires laissent tristement dégoutter l'eau. Ce carré de bâtiments moussus encadre une cour circulaire, qu'une colonnade de marbre, à l'un et à l'autre étage, rend fort majestueuse. Il paraît que cette enceinte dont la décrépitude nous semblait si lugubre, s'anime beaucoup une fois l'an : à la Fête-Dieu, toute la population de Grenade vient y danser pendant la nuit ; les ruines sont illuminées, et la fête ne finit qu'au jour.

Au moment où nous en sortions, une espèce de brigand d'opéra-comique s'approcha de nous : chapeau pointu et pomponné à bords retroussés, veste entr'ouverte, ceinture écarlate, guêtres frangées en cuir jaune, et avec cela une figure invraisemblable, noire et luisante, encadrée de favoris en broussaille, élargie par un rire bête, et de gros yeux fulgurants. C'était un vieux prince des Gitanos, cherchant à allécher les étrangers par la bizarrerie de son costume, et la grotesque férocité de son regard. Son métier est de poser devant les peintres de passage ; et il propose à tout venant sa photographie. Nous nous gardâmes bien d'acheter l'image d'un pareil monstre.

Des bois de l'Alhambra et de la porte de Charles-

Quint, c'est la « Calle de Gomeres » qui conduit au centre de Grenade ; nous la descendîmes après le déjeuner. Elle est bordée de magasins d'antiquités qui renferment d'assez jolies choses, quantité de meubles anciens, ou du moins prétendus tels (car on les voit fabriquer dans l'arrière-boutique) ; des incrustations d'ivoire et d'écaille, de vieux coffrets arabes, des éventails et des dentelles, des mantilles et des broderies ; et partout des réductions en stuc peint et doré des plus jolies portes de l'Alhambra.

Les églises foisonnent à Grenade, comme ailleurs : il y en a plus d'une par millier d'habitants ; c'est au point que la plupart sont hors d'usage. Ainsi d'un ancien couvent nommé San-Geronimo, on a fait une caserne de lanciers ; les cloîtres encore élégamment sculptés de place en place, sont devenus des écuries ; et pour que l'église, — une nef toute barbouillée de grisailles et de fresques rococo, — serve à quelque chose, on y fait entendre la messe chaque matin à tout le régiment. Il peut y vénérer la statue, les armes et les cendres de Gonzalve de Cordoue, « el Gran Capitan », qui prit Grenade avec Ferdinand le Catholique.

Une église attenante à un hôpital et desservie par les Frères de la Charité, est vouée au fondateur de cet ordre, San Juan de Dios. Elle est un des innombrables produits de l'art plateresque, sculptures tourmentées, statues peintes, dorures tapageuses ; mais l'ensemble en est riche, et l'on y voit de très beaux marbres, en particulier dans les fontaines de la sacristie. En arrière et au-dessus du maître-autel se trouve une salle dont on peut ouvrir tout un côté sur l'église, et dont les dorures parsemées de facettes de glace produisent de magiques illuminations. Cette chambre n'est qu'un vaste reliquaire de métaux précieux ; et une magnifique châsse d'argent massif rehaussé d'or y contient les restes de saint Jean de Dieu, mort en 1550 dans ce même hospice qu'il avait fondé.

La cathédrale de Grenade est immense. Bâtie aux XVIe et XVIIe siècles, elle relève comme architecture d'une espèce d'ordre toscan, plus apte à la froide grandeur d'un temple païen qu'au recueillement d'une église catholique ; et elle doit à ce style de paraître vide et sans charme. Pourtant les œuvres d'art les plus précieuses s'y rencontrent en abondance. Devant un autel imposant, le « coro » dans sa triple ceinture de stalles, occupe le centre de l'édifice, et en réduit tout le reste au rôle de promenoir ; il renferme deux orgues décorées sans goût. Mais c'est principalement au profit des nombreuses chapelles latérales, que les maîtres de l'École espagnole ont dépensé leur talent. Le Berruguete et Alonso Cano sont les deux noms qui reviennent le plus souvent au bas de ces chefs-d'œuvre, tableaux admirables, bas-reliefs, statues, bustes d'apôtres que le feu du regard semble animer.

Mais si je ne puis faire ici le catalogue d'un aussi riche musée, je dois cependant mentionner la somptueuse façade du « trascoro » en marbre rouge, avec un autel d'onyx, une statue de la Vierge des Sept-Douleurs soutenant le corps du Christ, et quatre statues d'évêques dont la blancheur ressort sur le poli empourpré des niches de porphyre.

La « Capilla Real » est une église contiguë à la cathédrale, ayant son clergé distinct. Derrière une grille colossale du plus grand mérite artistique, qui élève jusqu'à la voûte ses armoiries, ses fleurons et ses soixante-dix personnages, deux mausolées royaux tout de marbre blanc précèdent l'autel. L'un est élevé en l'honneur des Rois Catholiques, Ferdinand d'Aragon et Isabelle de Castille, à qui l'Espagne moderne doit son unité; par ses bas-reliefs, par ses docteurs de l'Église assis aux quatre angles, par la pureté de sa décoration, il est digne des cendres qu'il abrite; les statues des deux souverains revêtus de leurs insignes, sont couchées dans l'attitude du sommeil, les pieds reposant sur des lions. L'autre tombeau, tout aussi riche, mais d'un goût moins parfait que le précédent, a été consacré par Charles-Quint à la mémoire de son père Philippe le Beau et de sa mère Jeanne la Folle.

Le sacristain, qui nous donnait ces indications, ouvrit alors une trappe sous nos pieds et nous fit descendre dans un petit caveau souterrain ; nous y vîmes cinq cercueils de plomb, cerclés de fer et distingués les uns des autres par une simple initiale gothique couronnée : quatre d'entre eux contiennent les restes des souverains cités plus haut ; le cinquième, fait à la taille d'un enfant, est celui d'un frère de Charles-Quint, un petit prince nommé Michel, tué à dix ans par une chute de cheval.

L'autel de la Capilla Real a un curieux retable dont les sculptures peintes représentent les scènes de la prise de Grenade, Boabdil recevant Ferdinand et Isabelle, et les Mores de l'Albaycin se faisant baptiser en masse.

D'ailleurs le souvenir des deux Rois Catholiques était jadis passé pour Grenade à l'état de religion. Leurs portraits originaux ornent encore la cathédrale, confondus au milieu des saints et des vierges ; leurs statues sont agenouillées devant tous les autels ; civils ou religieux, les édifices portent leurs royales armoiries soutenues par l'aigle couronné, et jusqu'à leurs emblèmes personnels, un joug pour Ferdinand symbolisant l'union des deux royaumes, et un faisceau de flèches pour Isabelle ; enfin, la Capilla Real, construite spécialement en leur honneur, conserve dans une vitrine leurs couronnes d'or, leurs sceptres, les tableaux de leur autel de campagne, l'épée du roi d'Aragon, et les étendards de leur armée, ceux-là mêmes que le comte de Tendilla brandit sur la Tour de la Vela pour annoncer la prise de l'Alhambra. Il y a évidemment eu un temps en Espagne où l'adoration du peuple pour ses rois en est venue à ne plus se distinguer nettement du culte divin.

Dans les quartiers populeux qui avoisinent la cathédrale, nous avons traversé un ancien bazar arabe, dont les petites arcades dessinent avec une rare élégance la « herradura » ou fer à cheval moresque. Les marchands n'en ont pas déserté les ruelles, mais derrière les colonnettes, leurs étalages n'ont rien conservé du luxe oriental, il est difficile de rien voir de plus pauvre, de plus fripé, de plus dénué de goût que tous ces fonds de boutiques. La même remarque est à faire des magasins du « Zacatin », qui est cependant la vieille rue marchande de Grenade.

Quand nous eûmes regagné les bois extérieurs et l'Hôtel Washington Irving, il nous restait encore une heure avant le dîner ; nous la donnâmes à l'Alhambra.

Les rues vaguement tracées d'un village sillonnent en partie le terrain de l'ancienne forteresse ; et là, dans le fumier des constructions croulantes, trois perles sont cachées.

C'est d'abord un tout petit oratoire moresque, une mosquée en miniature, enclavée dans une pauvre maison ; un banquier de Madrid l'a achetée, nous a-t-on dit, et, par ses soins, les arabesques sont réparées et les peintures refaites.

Les deux autres portent les noms de Salle des Infantes et Salle de la Captive ; elles remplissent intérieurement de dentelles et de marbres immaculés deux des tours de l'enceinte, dont la grosse maçonnerie rousse, incapable en apparence de recéler de tels bijoux, domine de très haut la vallée du Darro. La Tour de la Captive doit son nom à cette comtesse chrétienne dont les cuirs peints de la Salle de Justice retracent l'aventure.

Dimanche 7 avril. — Il fit ce jour-là un temps affreux. La pluie, déjà si maussade en semaine, l'est plus encore le dimanche ; et pour des voyageurs, elle dépasse les limites permises de la contrariété. L'âme s'enrhume au bruit de son clapotement sinistre ; l'esprit s'embourbe dans les paysages grelottants.

Les rampes boisées de l'Alhambra servaient de lit à des flots de boue ; nous nous fîmes donc descendre à Grenade et conduire à la cathédrale pour la grand'messe, avec l'espoir d'assister à une cérémonie imposante et solennelle. Hélas ! quelle déception ! L'office le plus ordinaire et le plus mesquin ; point d'orgues et point de chants, parce que le temps de la Passion était commencé ; tous les autels et les tableaux voilés de deuil pour le même motif ; comme assistance une centaine de gens du peuple agenouillés sur les nattes ; et, pour comble de disgrâce, un sermon de l'évêque, un interminable sermon en espagnol qui dura cinquante minutes, montre en main ! Nous n'y comprîmes pas un mot, sinon que le fécond prédicateur parlait du rationalisme, trouvait que Voltaire était un monstre, et la Révolution Française une chose abominable ; il appelait à tout instant les fidèles : « Excellentissimes seigneurs » et « Frères bien-aimés de son cœur et de son âme », en se découvrant avec respect. Comme je lui aurais volontiers fait grâce de tant de déférence pour un peu moins de prolixité !

Quand la cérémonie eut pris fin, nous pûmes nous faire conduire à la « Cartuja », ancien couvent de Chartreux devenu, depuis la suppression des monastères, propriété de l'État, et resté sans destination précise à cause des richesses qu'il renferme. Je ne ferai que mentionner le réfectoire gothique, et les fresques du cloître qui représentent avec d'horribles détails les supplices des moines d'Angleterre sous le règne de Henri VIII, et j'en viens à l'église. Celle-ci est grande, fort ornée, et possède une belle statue de saint Bruno ; on l'admirerait davantage si les merveilles sans égales du sagrario et de la sacristie ne la faisaient complètement oublier.

Ce sagrario, le plus extraordinaire sans doute de toute l'Espagne, est un sanctuaire situé derrière l'autel ; tout y est de marbre depuis le sol jusqu'à la clef du dôme, et de quel marbre ! Un porphyre admirable arraché aux flancs de la Sierra Nevada, poli comme le cristal, qui se dresse en colonnes, s'arrondit en rosaces, s'évide en coquilles, et ressort en frontons anguleux. C'est d'une splendeur qui défie toute description.

Au centre s'élève un monument, une sorte de tabernacle, fait de la même pierre pourprée, et propre sans doute à une exposition de reliques ou du Saint-Sacrement ; il repose, sur des colonnes salomoniques en marbre noir, ses coupoles étagées à pendentifs, formées de conques à demi renversées. Le petit dais de porphyre sous lequel on pourrait abriter l'ostensoir, était soutenu jadis par huit colonnettes d'argent massif ; un jour elles furent volées, on les remplaça alors par huit autres en racine d'olivier, dont la valeur égale au moins celle des précédentes, car les moines, pour les trouver, durent abattre sur leurs terres plus de deux mille arbres. C'est un faible exemple des trésors de cet incomparable sagrario, l'une des choses les plus parfaitement belles que nous ayons vues.

La sacristie est elle-même une grande église ouvrant sur le côté de la première. Lorsqu'on en fit tourner brusquement les portes devant nous, elle nous apparut dans un tel rayonnement de magnificence, que de vrais cris d'admiration sortaient malgré nous de nos poitrines, sans égard pour la sainteté du lieu.

Inondés de lumière, les pilastres adossés aux murailles et ces murailles elles-mêmes, d'une éblouissante blancheur, disparaissent sous les sculptures, les guirlandes, les oves, les moulures enroulées, les rinceaux en saillie, multipliés avec un goût dont ce genre de style n'est pas coutumier. Des peintures ornent la voûte qui est en forme de dôme peu profond et aplati. Les lambris, les fontaines, l'autel et son retable sont revêtus d'un onyx blanc et brun, dont les tons tour à tour laiteux et dorés forment les dessins les plus fantastiques ; et des médaillons d'agate et de cornaline viennent encore rehausser l'éclat de tels panneaux.

Enfin, pour combler la mesure, un moine du siècle dernier a fait à cette sacristie incomparable, une ceinture des plus beaux buffets qui se puissent concevoir : ce sont des meubles formés d'épaisses plaques d'écaille, incrustées d'ivoire et de filets d'argent, et jadis on étendait dans leurs tiroirs en bois de cèdre les chasubles brodées. Quelques portes sont de la même facture. Ces merveilles nous retinrent longtemps, jusqu'à ce que l'heure et l'appétit nous rappelassent à l'hôtel.

Après le déjeuner, il nous fallut attendre avec une philosophie que nous avions grand'peine à ne pas perdre, un apaisement, au moins relatif, des ondées qui depuis le matin donnaient à toute chose, à ces paysages riants d'ordinaire, à ces monuments faits pour charmer, les aspects les plus navrants. Enfin une faible éclaircie sembla nous promettre un peu de répit, et nous partîmes bravement pour le Généralife avec notre vieux guide Ximénès.

J'estime que c'est pour le Généralife un grand bonheur d'être le voisin, et en quelque sorte le frère cadet de l'Alhambra ; sans cela je ne sais ce qui pourrait y attirer le voyageur. Nous l'avons trouvé très surfait et réellement au-dessous de sa réputation. Autrefois palais de fêtes des rois mores, le Généralife après la conquête fut donné par Ferdinand à un noble

Génois qui servait dans ses armées, le marquis Palavicini, dont les descendants le possèdent encore. Ce n'est plus aujourd'hui que quelques bâtisses blanches, nues et sans cachet, avec quelques galeries et des tourelles appelées « miradores » d'où la vue s'étend au loin sur l'admirable panorama de Grenade et de l'Alhambra. Mais des anciennes constructions arabes, il ne subsiste plus que quelques arcs, dont les arabesques fines, à peine sensibles maintenant, auront bientôt achevé de disparaître sous les couches de lait de chaux dont on les recouvre obstinément depuis des siècles.

Le Généralife est surtout célèbre par ses jardins. Ce sont quelques terrasses superposées sur des pentes raides, plantées de myrtes, de rosiers, de cyprès au feuillage noir ; l'un de ceux-ci, vieux géant au tronc vénérable, a connu les Mores et porte le nom de Cyprès de la Sultane, en mémoire des malheurs conjugaux de Boabdil. Il y a là quantité de bassins, de jets d'eau, de rigoles, de tous ces caprices d'irrigation que les Arabes poussaient si loin.

Pourquoi ces jardins fameux nous ont-ils paru infiniment moins curieux que nous ne les avions supposés ? Était-ce la faute de la saison qui n'était pas encore celle des floraisons épanouies ? était-ce la faute des photographies vues d'avance qui rendent parfois grandiose ce qui ne l'est pas du tout ? était-ce celle de la pluie qui tombait à flots, et du ciel qui était couleur d'ardoise ? Tous ces motifs y contribuaient sans doute ; mais quels qu'ils fussent, rien dans le Généralife n'a répondu à notre attente.

Nous descendîmes, en le quittant, jusqu'au Darro pour aller, sur le versant opposé, visiter le quartier des Gitanos. Un chemin caillouteux et contourné, vrai sentier de chèvres, dégringole la colline en passant près des tours altières de l'Alhambra. Nous y croisâmes un convoi mortuaire ; il était suivi par une cinquantaine d'hommes du peuple assez malpropres qui gravissaient péniblement cette côte si dure, un cierge jaune à la main. Les croquemorts suaient et soufflaient sous leur triste fardeau. Point de poêle sur le cercueil, un mauvais cercueil de parade, lugubrement entr'ouvert au point de laisser voir la blancheur du suaire ; car ce transport est si difficile qu'une bière véritable serait trop pesante, et il paraît qu'on transvase les morts au cimetière avant de les mettre dans leur demeure définitive. Le cimetière de Grenade, en effet, est situé assez loin dans les hauteurs ; un prêtre y est logé, et le clergé de la ville peut se dispenser ainsi d'accompagner les convois.

Parvenus au bas de la côte, nous franchîmes un des ponts du Darro qui faisait bouillonner ses eaux limoneuses gonflées par les pluies. Au-delà, sur les flancs du Monte-Sacro, entièrement couverts d'impénétrables fourrés de cactus, des bohémiens noirs, féroces, à demi sauvages, venus on ne sait d'où, de l'Inde peut-être ou de Mongolie, habitent depuis des siècles des trous sombres creusés dans le roc au hasard, sans ordre, et à toute hauteur, comme des terriers. Nul n'oserait s'aventurer, sinon en plein jour et guidé, dans ce royaume de bandits, tout hérissé de nopals et sillonné de sentiers informes.

Nous n'avions pas encore pénétré dans le chemin qui y conduit, que déjà une armée de gamins en guenilles et de femmes portant des enfants s'était accrochée à nous, et grossissait à chaque pas. Cette racaille criait, se battait, tendait les mains, nous barrait presque le passage, et s'obstinait à hurler autour de nous avec des intonations comiques : « Cinco centimos ! cinco centimos ! et allez-vous en ! » lambeau de phrase qu'ils avaient appris à répéter, à force de l'entendre de la bouche des voyageurs harcelés, et qui pour eux voulait dire qu'ils nous laisseraient tranquilles une fois l'aumône reçue. Ils n'en faisaient rien d'ailleurs : des poignées de sous y passaient et la bande n'en devenait que plus insolente ; bien après que nous avions quitté ce repaire de voleurs, elle nous faisait cortège encore de ses vociférations et de ses grimaçantes prières.

Les Gitanos ne se mésallient pas ; aussi conservent-ils un type très spécial : pommettes écartées, yeux fendus, teint de terre cuite, bouches grandes et lippues ; l'expression fort étrange de leur visage est mauvaise, bestiale et fausse, moins encore chez les hommes que chez les femmes qui sont affreuses pour la plupart.

Nous sommes entrés dans une de leurs habitations ; elle comprenait une pièce assez profonde, basse et peu régulière, n'ayant que le rocher même pour plancher, pour muraille et pour plafond : la pierre était toute noircie par la fumée, car on cuit les aliments sur un fourneau ouvert, et il n'y a point d'autre orifice qu'un trou rectangulaire servant à la fois de porte, de fenêtre et de cheminée.

Ce bouge obscur et fumeux était occupé par une famille de huit personnes ; les parents et leurs six enfants, dont plusieurs étaient déjà des hommes, couchaient pêle-mêle dans un réduit plus petit et encore plus noir creusé à la suite de la première salle. Certainement, aux temps préhistoriques, les hommes primitifs ne pouvaient se choisir d'abris plus rudimentaires que les cavernes de ces bohémiens. Et pourtant celui qui nous montrait la sienne, voulait nous en faire apprécier les avantages, nous disant qu'il y faisait chaud l'hiver et frais l'été.

Il était forgeron, comme beaucoup de ses pareils ; aidés d'outils antédiluviens, ils forgent dans leurs tanières des clous et de grossiers objets de fer qu'ils vont vendre le dimanche à des marchands de la ville ; la femme souvent travaille comme le mari, et les filles font manœuvrer les soufflets. Mais ce métier ne fait pas monter jusqu'à eux les sables d'or du Darro ; la plus hideuse misère reste leur compagne.

En quittant les Gitanos chez lesquels nous n'avions aucun désir de prolonger notre séjour, le guide nous emmena dans le quartier de San-Nicolas, l'un des plus anciens de l'Albaycin, dont les ruelles en escalier grimpent le long du Monte-Sacro. Les maisons blanches et basses y ont conservé beaucoup de l'aspect d'une ville d'Orient. Des points les plus hauts, la vue embrasse le reste de la ville et la montagne boisée que couronne l'Alhambra ; c'est certainement le meilleur endroit pour admirer l'ensemble du vieux palais moresque.

A San-Nicolas, nous entrâmes un instant dans la triste et curieuse église de Santa-Isabel-la-Real, couvent des franciscaines qui doit son titre à un séjour qu'y fit Jeanne la Folle. C'était primitivement une mosquée ; et le plafond de bois, fait de mosaïque constellée, en porte encore la marque. Par une disposition assez singulière, pour atteindre l'autel, il faut gravir un escalier de la hauteur d'un étage ordinaire. Tout était calme et silencieux dans cette vieille chapelle au fond de laquelle, derrière la grille voilée d'une tribune, on entendait prier les recluses.

Nous redescendîmes dans la vraie ville qui, malgré le nombre des promeneurs, était sans gaîté : le ciel était trop gris et les rues trop boueuses. Partout des marchands en plein vent vendaient une espèce de gâteau ayant la forme d'une mince couronne ; il y en avait de toutes tailles, et par monceaux ; il paraît que c'est une coutume locale du jour de saint Lazare. Nous goûtâmes à l'une de ces pâtisseries qui fut unanimement déclarée atroce ; c'était une sorte de mastic immangeable.

Sur une place publique où nous passions, on nous fit remarquer une statue de marbre blanc, érigée après la révolution de 1835, à la mémoire d'une dame de la ville ; cette héroïne, sous le règne sanglant de Ferdinand VII fécond en horreurs d'un autre âge, s'était rendue coupable de favoriser les libéraux ; trahie par sa servante, elle fut condamnée à mort et étranglée à Grenade en 1831 ; son crime était d'avoir brodé sur un étendard le mot « Libertad ! ».

Les quartiers les plus vivants de la ville aboutissent à une promenade plantée de vieux arbres, ornée de deux fontaines que soutiennent des monstres, et bordée par un jardin rempli de fleurs. Le lundi 8 avril, nous avons remonté jusqu'au bout ces allées qui s'étendent le long du Xenil ; par le beau temps elles doivent être très agréables, car la vue de la Sierra Nevada et ses contreforts, y est splendide. La rivière qu'on dit très pure d'ordinaire était grossie par les pluies des jours précédents, et roulait avec une rapidité tourbillonnante des flots bourbeux et jaunâtres. Elle est coupée d'un pont dû à l'occupation française.

Nous avions consacré toute notre matinée ce jour-là à revoir les minutieuses merveilles de l'Alhambra, en détail, à notre apaisement, et avec un plaisir plus vif encore que la première fois.

Pour finir, un mot sur les habitants de Grenade. Théophile Gautier les a peints d'un trait en disant qu'ils sont tous consciencieusement occupés à ne rien faire. C'est la vérité même.

La mollesse et la paresse espagnoles sont ici poussées à leur dernier point. A toute heure du jour les rues sont pleines de traînards désœuvrés, satisfaits seulement s'ils peuvent tenir entre leurs lèvres jaunies un bout de cigarette éteinte, et se draper dans une vieille cape ou dans un châle décoloré, parfois orné de grossières broderies de laine. Le résultat de ces mœurs est de faire marcher

Grenade à une déchéance des plus rapides ; de sa prospérité des siècles passés le souvenir seul subsiste ; les édifices publics sont presque tous délabrés ; les maisons particulières sont navrantes de misère et de nudité.

L'Espagnol de Grenade n'a même pas l'idée de ce qui peut ressembler au luxe et au confortable les plus élémentaires ; et jamais il ne cherchera à se les procurer, parce qu'il lui en coûterait un effort. Les boutiques, les ateliers d'artisans toujours ouverts sur la rue, sans portes ni fenêtres, ne sont que des hangars informes auxquels je préférerais la plus humble chaumière de France.

J'ai déjà signalé la pauvreté des magasins du Zacatin ; je ne sais du reste ce qu'ils vendraient s'ils étaient mieux assortis, car Grenade est le royaume de la misère ; sur les 70,000 habitants qui lui restent, 40,000 au moins meurent de faim, mendient dans les rues, et couvrent leurs épaules de défroques sans nom. Il y a de ces accoutrements dont la vétusté fait rêver.

On pourrait être tenté de ne voir que des fantaisies d'art dans les dessins que Gustave Doré a faits des mendiants espagnols, de ces pauvres femmes décharnées et grimaçantes, de ces enfants à demi nus grouillant dans les carrefours, de ces estropiés dont la laideur donne le frisson, de ces vieillards hâves et parcheminés, drapés avec la majesté d'un hidalgo dans leurs bouts de tapis rapiécés, et couchés par grappes sur les escaliers des monuments publics. Mais quand on a vu certains quartiers des villes d'Espagne et de Grenade en particulier, on ne peut que trouver exacts les croquis macabres du grand artiste. C'est l'apothéose du haillon.

IX.

PORTO ET COÏMBRE.

Pour aller de Grenade à Porto, il nous fallut partir le mardi 13 avril à neuf heures du matin, voyager toute la journée, arriver à dix heures du soir à Cordoue, en repartir à quatre heures du matin, rouler de nouveau tout le jour, toute la nuit suivante, et ne nous arrêter enfin à Porto que le jeudi 15 à dix heures et demie, après cinquante heures d'un trajet presque ininterrompu. Oh! ces chemins de fer d'Espagne!

Le premier jour, nous eûmes la silencieuse compagnie d'un vieux ménage anglais. C'était alors en Andalousie l'époque de la conscription ; de là, grande animation dans toutes les gares ; on accompagnait en foule les jeunes gens partant au service, que notre train emportait ensuite vers des casernes inconnues. Ces départs donnaient lieu à des scènes tristes, renouvelées à chaque arrêt ; car sur les quais, des mères, des sœurs, des « novias » ou fiancées, les yeux rougis de larmes et le cœur soulevé de sanglots, agitaient des mouchoirs et mettaient toute leur âme dans les baisers d'adieu qu'elles lançaient aux conscrits.

Le soir nous dormîmes quelques heures à l'Hôtel Suisse de Cordoue. Après une courte nuit, on nous réveilla à trois heures et demie du matin, et un omnibus nous emporta, encore tout alourdis de sommeil et grelottants dans la fraîcheur de l'aube, jusqu'à une petite gare lointaine semblable à une grange, d'où le train devait partir vers Belmez, Badajoz et le Portugal.

A Belmez, le réseau des chemins de fer Andalous (« Carroferriles Andaluces ») prend fin, et l'on passe sur celui de la compagnie Madrid-Saragosse-Alicante (« M.-Z.-A. »). Les montagnes du pays environnant sont riches en minerais de toute nature ; mais le bassin houiller est le seul qui soit convenablement exploité. Toutefois, un jeune ingénieur, notre compagnon de route jusque-là, nous apprit qu'il travaillait à l'ouverture de mines d'antimoine.

La bourgade de Belmez est couchée au pied d'un magnifique rocher solitaire, que couronnent les ruines d'un château-fort inaccessible. Dans le cours de la journée, nous avons aperçu trois ou quatre autres mamelons qui présentaient les mêmes singularités, le même isolement au milieu de la campagne, le même escarpement : au moyen-âge une ligne de sept forteresses de ce genre, espacées l'une de l'autre de cinq à six lieues, mais reliées par des signaux, défendait ainsi cette partie de l'Estramadure, qu'on appelle la Serana.

Rien de triste comme le pays traversé pendant cette longue journée : des plaines sans culture, des landes pierreuses et laides, où paissent des moutons et des chèvres, des rochers grisâtres, des pentes dénudées, partout plus de cailloux que de terre, et dans toute la contrée, pas un arbre, mais pas un seul, pour adoucir la désolation du paysage.

Mérida, très florissante sous les Romains, nous montra des ruines grandioses de ponts, de temples et d'aqueducs un peu avant que nous ne fissions halte à Badajoz, pour un arrêt de deux heures. La gare en est isolée, et à près d'une demi-lieue de la ville. Comme rien n'intercepte la vue dans la campagne, de loin la vieille cité, célèbre par les sièges héroïques qu'y soutinrent les troupes françaises pendant les guerres de Napoléon, dessinait avec une précision bizarre les clochetons de ses églises, les longues façades de ses couvents, les ruines de ses murs d'enceinte, tout le blanc fouillis de ses maisons très serrées, à la fois sur la colline où elle se déploie, et sur un fond de nuages, noirs comme une nappe d'encre, tels qu'il s'en produit les soirs d'orage. Le soleil, oblique et blafard, n'éclairait que la ville, et lançait sur elle comme le rayon d'une lanterne sourde ; cela formait un tableau extraordinaire.

Pour entrer dans Badajoz, qui est situé tout entier sur la rive gauche du Guadiana, il faut franchir le lit du fleuve sur un beau pont de pierre long d'un demi-kilomètre et fermé par l'arche gothique d'une porte féodale. Nous étions venus jusqu'à la ville avec la pensée première d'y dîner, et de parcourir au hasard quelques rues à la recherche d'une « fonda » quelconque ; dans ce but, nous avions franchi l'enceinte, et nous nous amusions des costumes pittoresques encore portés là-bas par les hommes du peuple, lorsqu'une prudente inquiétude pour nos bagages restés sans surveillance nous fit rebrousser chemin jusqu'à la gare. En guise de buffet, nous n'y trouvâmes qu'une « cantina », méchante buvette, où, heureusement encore, on put nous servir une assiette de soupe, de petites côtelettes grillées, des oranges, et de ce singulier pain espagnol, cuit sans sel et sans levain, blanc comme la farine, épais comme une pâte, et dont les hôteliers, d'ordinaire, épargnent à leurs voyageurs l'indigeste fadeur.

Le jour tombait lorsque le train quitta Badajoz ; nous y prîmes place, prêts à y passer la nuit, et une demi-heure après nous franchissions la frontière portugaise.

Le passage en gare de Coïmbre nous réveilla le lendemain matin à sept heures. Au buffet ou sur les quais, tout était bruyant et animé, contraste sensible avec la morne solitude habituelle aux stations d'Espagne. En outre, nos oreilles accoutumées aux consonnances de la langue castillane, sentirent aussitôt qu'on parlait autour de nous un idiôme étranger ; car les langues portugaise et espagnole, pour avoir une origine et des racines communes, n'en ont pas moins une prononciation tout à fait différente, et sont inintelligibles l'une à l'autre.

Le pays traversé par la voie ferrée, avait, lui aussi, revêtu des aspects tout nouveaux : la campagne était ondulée, couverte d'arbres, bien cultivée ; les bois de sapins et d'eucalyptus alternaient avec les vignobles et les rizières. Mais une pluie diluvienne ôtait toute gaîté au paysage, aux prés devenus des marécages, aux routes transformées en ruisseaux boueux.

Bientôt à travers ce navrant rideau, l'Océan Atlantique se montra, jaune et houleux, déferlant sur une côte de sable, et rappelant les tristes aspects de la Mer du Nord. Quelle différence avec la Méditerranée que nous avions vue si bleue et si sereine!

Enfin, vers dix heures, les villas d'une petite station balnéaire appelée Granja, toute souriante au milieu de magnifiques camélias en fleurs, nous indiquèrent que le but n'était plus éloigné.

L'arrivée à Porto est incomparablement belle. Le Douro apparaît tout à coup, large et puissant, encaissé entre des rives escarpées sur lesquelles s'étagent à l'infini la ville et ses faubourgs. La voie ferrée, qui arrive par les hauteurs, franchit le fleuve sur l'un des ponts les plus audacieux que l'homme ait jamais construits. Lancé d'une montagne à l'autre, léger à n'y rien comprendre, il s'appuie sur le treillis de fer d'une arche unique, qui, partant des deux rives où ses pointes ont l'air d'être simplement posées, s'élève en dessinant une immense parabole, jusqu'à soixante-dix mètres de hauteur. Le passage sur ce fil aérien, long de quatre à cinq cents mètres, qu'on sent trembler sous soi, et vibrer pour ainsi dire comme une corde tendue, donne le vertige.

Porto a deux ponts semblables au-dessus de son fleuve, l'un pour les voitures et les piétons, l'autre pour le chemin de fer. Inaugurés en 1877, ils portent les noms du roi don Luiz Ier et de la reine dona Maria-Pia; mais ils sont l'œuvre d'un Français dont la renommée a fait, depuis, le tour du monde, M. Eiffel.

La gare est éloignée du centre de la ville. Une fois débarqués, heureux de trouver enfin la terre ferme après deux jours et demi de chemin de fer, nous nous sommes fait conduire à l'Hôtel de Porto, et, après un prompt déjeuner, mis en course aussitôt. La pluie voulut bien suspendre ses averses.

Porto doit à sa merveilleuse position riveraine d'être tout en hauteur : ses rues montent et descendent sans cesse, avec des pentes étonnamment rapides ; mais elles sont droites, bien alignées, et d'une largeur dont les vieilles cités arabes de l'Andalousie nous avaient depuis longtemps fait perdre l'habitude. Les places sont très nombreuses, pavées d'une grande mosaïque blanche et noire, et formant pour la plupart des squares et des jardins ; une des plus belles, celle de don Pedro IV, porte une statue équestre de ce prince. Les quais du fleuve, que bordent de vieilles maisons à arcades surbaissées, sont le siège d'une activité exceptionnelle, provoquée par le déchargement des navires, mais le reste de la ville n'en est pas moins animé, principalement le quartier des Anglais, où se groupent les banques et les bureaux de commerce.

Presque toutes les maisons ont leur façade entièrement recouverte de carreaux de faïence à cabochons jaunes, roses, ou bleu pâle ; cela leur donne un air de riante propreté qu'aucun autre revêtement ne saurait obtenir au même degré.

L'aspect du peuple qui fourmille dans les rues de Porto est tout à fait original. D'abord un bon tiers de la population, sinon la moitié, vit à pieds nus, surtout parmi les femmes, et c'est peut-être à cette habitude funeste qu'il faut attribuer leur laideur et leur apparence peu saine. Toutes les femmes travaillent comme des portefaix ; il n'est pas de pénible besogne à laquelle on ne les emploie : maçonnerie, transport de fardeaux, chargement des navires, entretien des routes, partout ce sont des femmes.

Ces pauvres galériennes, toujours nu-pieds, les mains appuyées aux hanches, leur grosse taille serrée par un bourrelet de jupes où s'arrête une veste courte, coiffées parfois d'un petit chapeau noir plat et rond, mais le plus souvent d'un simple foulard noué sous le menton, ont une invariable coutume à laquelle elles se forment dès l'enfance ; elles portent tout sur la tête en équilibre. On n'en peut pas voir une seule qui n'ait, comme Perrette, marchant droite et raidie, son fardeau bien posé sur un coussinet : des fruits et des légumes chez les ménagères ; le détail des cargaisons chez les débardeuses des quais ; de lourds pavés ou des corbeilles de cailloux chez les femmes qui travaillent aux routes ; le plâtre et le mortier chez celles qui aident les maçons ; les grandes cruches de terre rouge, d'une belle forme antique, chez les porteuses d'eau. Les objets les plus baroques n'échappent pas à la règle, et plus d'une fois nous avons ri en croisant une femme coiffée d'un chou, une autre d'un pot de fleurs, celle-ci d'une paire de bas et d'une pantoufle, celle-là d'un énorme canapé ; jusqu'à des mères, enfin, osant promener sur le haut de leur tête, sans même y porter la main, leurs enfants couchés dans des berceaux d'osier ! Ceci donne la mesure de leur hardiesse.

D'innombrables chariots attelés de bœufs donnent aux rues de Porto une autre note bien pittoresque. On n'y connaît ni les brouettes rustiques, ni les charrettes de France, ni les petits ânes pelés d'Espagne : tout ce qui dépasse les dimensions et le poids accessibles à la tête des femmes (et l'on a vu que la limite en est assez reculée), est transporté sur des chariots étrangement primitifs, ayant pour essieu une pièce de bois qui tourne en grinçant avec deux grosses roues presque pleines, pour fond trois bouts de madriers reliés entre eux par des cordes, pour ridelles cinq ou six bâtons noueux et tordus, piqués dans les madriers de côté ; et c'est tout. Les bœufs qui traînent, sur le sol montueux de Porto, ces véhicules mérovingiens, sont de la plus belle race qui se puisse voir, magnifiques bêtes au pelage fauve, au jarret nerveux, à l'œil doux, aux cornes d'une longueur tout à fait extraordinaire, comparables à celles des plus grands bœufs de Sicile. Les attelages sont conduits le plus souvent par des enfants, garçons ou filles en haillons misérables, qui marchent devant leurs bêtes, les tirent par leurs cornes puissantes ou les excitent de l'aiguillon. Enfin, la singularité de ces chariots est complétée par celle des jougs, qui sont tous de vieilles planches de chêne, hautes et plates, sculptées à jour de dessins fantaisistes et d'emblèmes religieux.

Porto s'étend sur un espace considérable et peu défini. On ne lui donne que 100.000 habitants ; j'aurais parié pour le double, tant la vie y est active. Les édifices publics sont nombreux et grandement conçus. Le premier que nous ayons visité est la Bourse ; elle est de construction toute récente, à peine achevée même, et possède, avec un escalier monumental, un immense hall vitré entouré de galeries et orné des écussons de toutes les nations du globe.

Près de là, nous sommes entrés dans l'église de San Domingo, qui n'a rien de remarquable, et dans celle de San Francisco dont les murailles, les plafonds et les chapelles sont recouverts de sculptures dorées, de fleurs, d'oiseaux et de statues peintes ; tout cela est en bois et serait une merveille de talent si ce n'en était une de mauvais goût.

Un tramway, parti des quais et longeant le fleuve, nous a conduits jusqu'à son embouchure, à une lieue environ de Porto. Avant de se perdre dans l'Océan, le Douro s'élargit encore et forme, entre ses hautes rives tapissées de verdure, un délicieux paysage ; mais l'estuaire, resserré par un banc de sable, et coupé par des roches, est fort dangereux aux navires. Aux bords de la mer, des chalets, dont la ligne s'étend à perte de vue, attendaient alors, dans le silencieux abandon de l'hiver, leurs hôtes de l'été. Ils ne donnaient avec leurs volets clos aucune gaîté à la côte, qui est basse, sablonneuse, en même temps hérissée de rochers, et n'a rien des charmes si riants des rives du Douro que nous venions de quitter.

Comme le vent soufflait presque en tempête, l'Océan roulait des vagues énormes, et nous avons longuement contemplé de la plage le spectacle toujours si beau de sa fureur. Les flots révoltés venaient avec une violence terrible et des mugissements sourds se briser contre les écueils ; ils se soulevaient alors en gerbes d'écume pour retomber en cascades irisées que le vent emportait comme une poussière de nacre. J'ai rarement vu la mer aussi grandiose et aussi effrayante.

Le jour suivant nous y sommes revenus, mais l'Océan s'était apaisé. Poussant alors plus loin notre promenade, nous nous sommes laissé emmener par le tramway vers une destination inconnue ; la route, toute droite, longeait le désert de la plage et remontait vers le nord sans but apparent. Autour de nous, rien que des ondulations sablonneuses plantées de quelques maigres sapins. Ne sachant pas du tout où nous allions, nous commencions à craindre d'avoir fait une sotte entreprise, lorsque les mules, qui trottaient depuis plus d'une demi-heure, s'arrêtèrent enfin dans un lieu singulier.

Ce n'était ni une ville, ni un village, mais les deux à la fois, et comme le squelette d'une grande cité à l'état de projet : les rues, à peine dessinées, s'étendaient fort loin aux environs, mais n'étaient bordées que de maisons provisoires et aux trois quarts envahies par le sable. Pour habitants, des pêcheurs pauvres et des ouvriers.

Sur ce point du rivage, en effet, on a, depuis dix ans, entrepris des travaux considérables pour construire un port en eau profonde, suppléant à l'insuffisance du Douro où les navires de fort tonnage ne peuvent entrer. Deux énormes jetées de pierre partent des sables de la côte et s'avancent au loin vers la pleine mer, embrassant un espace de quatre ou cinq kilomètres carrés; mais il s'en faut qu'elles soient terminées, si l'on en juge par le nombre des blocs de maçonnerie auxquels travaillent les ouvriers, et qui attendent, rangés sur le rivage, que deux grues gigantesques les enlèvent et les transportent à leur place. Quant au bassin encadré dans les digues, ce n'est encore qu'une portion de mer à l'état naturel, d'où l'on n'a pas retiré le moindre grain de sable. Il est donc vraisemblable que quelques années se passeront encore avant que Leixoës (c'est, je crois, le nom de cette ville future) ait pris rang parmi les grands ports marchands du Portugal. En attendant, une ligne de tramways à vapeur relie directement les chantiers à Porto, et c'est par cette voie plus rapide que nous sommes revenus.

Sur le plateau oriental de la ville, s'élève une espèce de palais, pouvant servir à des expositions, des fêtes ou des concerts, et que les habitants ont pompeusement dénommé leur Palais de Cristal, quoiqu'il n'ait rien qui justifie l'analogie. L'édifice est affreux et n'a aucune valeur; il abritait alors dans quelques salles un bazar de porcelaines et d'objets défraîchis. Ce n'était pas cette vilaine bâtisse qui nous avait attirés, mais bien les beaux jardins qui l'entourent, où foisonnaient les camélias en fleurs. Les terrasses s'en étendent jusqu'au bord du plateau, et de là dominent le Douro; point de vue qui n'a qu'un rival, celui dont on jouit du haut du pont Dona Maria Pia.

De cette lame d'acier, tendue dans les airs, et souple jusqu'à trembler sous le poids d'un simple chariot à bœufs, les embarcations qui pullulent sur les eaux du fleuve apparaissent comme une poignée de coquilles de noisettes jetées sur un ruisseau. Toute l'activité du port n'est plus qu'un fourmillement. Et lorsque, s'accoudant sur le parapet, on embrasse du regard les beautés d'un tel panorama, on ne peut se défendre, à se sentir si haut, d'un frisson où le vertige et un vague effroi ont autant de part que le plaisir.

Le pont Dona Maria Pia conduit, sur la rive gauche du Douro, à un faubourg industriel nommé Villa Nueva de Goya; le passage y est l'objet d'un péage modique.

Aux abords du pont, dans l'un des quartiers les plus escarpés de la ville, où les maisons s'appuient au rocher nu, et d'où les ruelles dégringolent jusqu'au fleuve, pareilles à des sentiers de chèvres, la « Sé » ou cathédrale se cache au milieu de quelques vieux édifices, et près des ruines d'un mur d'enceinte fort antique.

Les dimensions de cette église ne sont pas en rapport avec le rang qu'elle occupe ; mais elle renferme dans une de ses chapelles, voilée d'ordinaire aux regards profanes, un vrai prodige d'art et de richesse : c'est un autel, large de trois à quatre mètres, haut de cinq environ, et tout entier en argent ; sur le corps et le retable, des médaillons ciselés avec une délicatesse infinie ou repoussés au marteau, représentent des scènes de la Bible ; des moulures et des guirlandes les encadrent, des colonnettes les soutiennent, des statuettes d'anges et de saints les couronnent. Autour de l'autel, tous les accessoires, vases sacrés, plateaux, chandeliers, torchères, cloche, porte-missel, jusqu'à l'escabeau du célébrant et jusqu'au dais du Saint-Sacrement sont également en argent massif, et d'un poids tel qu'il est presque impossible d'en faire usage. La valeur artistique de ce merveilleux ensemble en dépasse certainement la valeur métallique, à peine calculable elle-même.

La cathédrale est flanquée d'un joli cloître gothique, dont la cour est plantée d'arbres, les balustrades sculptées avec goût, les voûtes ogivales d'un gracieux dessin, et les panneaux faits de faïence bleue à grands personnages. Dans un coin de la mélancolique enceinte, c'est-à-dire presque au grand air, un prêtre confessait un vieillard ; simplement agenouillé devant lui, sur les dalles de pierre, le pénitent courbé avait pris une pose d'une humilité et d'une piété qui faisaient de ce petit tableau comme une miniature hiératique du moyen-âge.

Sur le cloître s'ouvre la sacristie, belle salle rectangulaire ornée de faïences colorées, de deux magnifiques fontaines de marbre, de beaux bahuts profonds renfermant les ornements brodés, enfin d'une toile que le sacristain attribuait à Raphaël, mais qui n'est vraisemblablement que la copie d'une de ses madones.

A deux pas de là, s'élève un énorme palais épiscopal, datant du siècle dernier ; de la terrasse qui le précède on retrouve, avec des beautés nouvelles, le panorama de Porto.

Pour regagner la ville basse, nous descendîmes de misérables et infects quartiers, risquant plus d'une chute sur les pavés aigus des ruelles en escalier, mais pressant néanmoins notre marche afin d'échapper au plus vite à l'assaut des odeurs pestilentielles qui sortaient de tous les bouges. Il n'y a que les étrangers pour se fourvoyer dans de pareilles sentines. L'air était tellement pourri dans ces boyaux obscurs, noyés d'immondices, que nous finissions par courir, pour hâter la délivrance. Elle arriva enfin, sous la forme des belles rues mouvementées et des places monumentales du centre marchand : là nous pûmes respirer, et trouver le salut après l'asphyxie.

L'une des artères les plus animées de ce quartier si actif est la « Rua das Flores » ; elle a ceci de particulier d'être habitée dans toute sa longueur, à droite par des drapiers ou autres marchands d'étoffes, à gauche par des bijoutiers. Ainsi groupées en un même lieu, toutes ces boutiques de joaillerie paraissent innombrables ; il semble qu'il y ait là de quoi suffire aux besoins du Portugal tout entier. Rien d'ailleurs dans les étalages ne dénote beaucoup de goût ; dans tous il y a un coin réservé à de gros bijoux aussi laids que singuliers, colliers, boucles d'oreilles, et surtout médaillons de dimensions inusitées, figurant des cœurs en filigrane ou des fleurs de fantaisie, formés de plusieurs ors aux reflets criards, accolés sans harmonie ; c'est là, dit-on, la parure de luxe des riches paysannes des environs.

On célébrait ce jour-là, 12 avril, vendredi de la Passion, avec beaucoup de solennité, une fête religieuse que nous ne connaissons pas en France ; elle n'avait lieu que dans certaines églises et consistait dans une adoration publique du Saint-Sacrement. Le parvis était alors jonché de feuillage ; l'intérieur du sanctuaire tout recouvert de draperies de velours et de crépines d'or, de fleurs et de guirlandes ; une quantité de lustres de cristal scintillaient de mille lumières ; enfin, la profusion des bougies et des cierges faisait des autels autant de brasiers ardents. Pour admirer ces magnificences, c'était partout une indescriptible cohue de fidèles ; on s'écrasait aux portes, à quelque heure de la journée que ce fût, et nous fîmes inutilement plus d'une tentative avant de pouvoir nous glisser dans la foule et satisfaire notre curiosité.

Nous quittâmes Porto le lendemain 13 avril, à neuf heures du matin. La pluie tombait abondamment, nous avons donc refait dans les mêmes conditions que deux jours auparavant, c'est-à-dire sous d'attristantes ondées, la jolie route qui va de Porto à Coïmbre. Pourtant une fois de plus la chance nous fut favorable, et le soleil nous rendit son sourire dès notre arrivée à Coïmbre, vers une heure de l'après-midi.

Coïmbre est une vieille ville pleine de souvenirs. Sa situation est charmante ; toute en hauteur, elle couvre une colline au bas de laquelle le Mondego, qui était alors grossi par les pluies, menaçait de submerger ses rives, et roulait des flots jaunes et rapides, comme un fleuve de grande allure. Il ouvre une trouée parmi les collines, dont les versants boisés s'entrecroisent à des plans successifs et forment un paysage d'une poésie peu commune.

Le mamelon qu'occupe la ville est couronné par de grands bâtiments réguliers, le palais de l'Université, de l'unique et très ancienne Université portugaise, qui fait la vie et la gloire de Coïmbre depuis le XIVe siècle. Elle fut réorganisée au siècle dernier par le marquis de Pombal, le restaurateur du Portugal, et, de nos jours encore, elle est restée, dit-on, à la hauteur de son antique célébrité.

Les étudiants y sont au nombre d'un millier. Rois de la ville, qui ne vit que par eux et pour eux, ils ont hérité de leurs devanciers un costume élégamment original, qu'ils portent tous avec l'amour et le respect dus à ces sortes de traditions. Cela consiste en un pantalon de drap noir (remplaçant la culotte d'autrefois), une soutanelle de même étoffe, sorte de redingote sans collet ni revers, montant droite et fermée jusqu'au col, et disparaissant sous un long et ample manteau, drapé avec beaucoup de grâce en manière de toge. La plupart des étudiants, vêtus de la sorte, vont toujours tête nue; quelques-uns portent une toque noire, d'autres un long bonnet de laine noire retombant sur l'épaule. Ils rivalisent entre eux d'élégance, sont toujours gantés de frais, et leur tenue est irréprochable. Dans les rues, sur les bords du fleuve, dans la campagne où nous les avons rencontrés en grand nombre, partout enfin leur présence donne au tableau une note très curieuse.

Aussitôt arrivés à Coïmbre, comme l'appétit nous talonnait, nous nous étions fait conduire à l'Hôtel « do Caminho Ferro », situé sur une vieille place très pittoresque. On nous y servit un déjeuner excellent, et certainement le meilleur que nous ayons fait dans toute la péninsule ; un jambon, un poulet, et le vulgaire pot-au-feu, en faisaient cependant tous les frais ; mais l'apparition de ces bons plats de famille fut saluée par nous avec une joie gourmande ; ce nous parut un festin digne des dieux, et nos palais, empoisonnés jusque-là par les fritures huileuses et les ragoûts safranés des maîtres-queux espagnols, bénirent la bonne et simple cuisine de cette auberge ignorée.

Durant ce repas réparateur, un landau de louage s'était attelé pour nous. Il commença par nous faire gravir les pentes de la colline, et passant sous les arches grandioses d'un ancien aqueduc, nous amena bientôt dans la cour d'honneur de l'Université.

Les bâtiments sont du XVIIIe siècle pour la plupart ; ils étaient alors déserts et silencieux, et comme nous admirions le bel aspect des diverses façades, un appariteur qui lisait sous les arbres voisins vint à nous et s'offrit à nous servir de guide. Ce personnage avait un étrange profil napoléonien ; mais je ne sais quelle triste maladie cutanée l'obligeait à se plâtrer le visage d'une pâte blanche et luisante, ce qui lui faisait la plus singulière physionomie du monde ; on aurait dit un buste de César, promené par un corps d'emprunt.

Il nous montra les salles d'honneur barbouillées dans le genre rococo, mais ornées d'une galerie de portraits des rois de Portugal ; puis les salles de cours, vastes amphithéâtres quelconques ; les appartements réservés aux visites royales ; la chapelle, les couloirs enfin où moisissent par monceaux les affreux portraits de tous les professeurs qui ont jadis enseigné entre ces doctes murs ; le peu de talent des peintres, le temps et les malicieuses additions des étudiants en ont fait un musée de caricatures grotesques. Ce que nous avons le plus admiré dans l'Université, c'est la vue merveilleuse dont on jouit du haut des balcons, et qui embrasse la ville tout entière, le Mondègo et ses rives charmantes.

A peine avions-nous quitté le palais universitaire et parcouru le jardin botanique de la ville, qui en est peu éloigné, qu'un regret très vif nous saisit : nous n'avions pas demandé à voir, et notre cicerone blanchi ne nous avait pas montré, la bibliothèque de l'Université qui passe pour un des plus riches trésors bibliographiques de l'Europe, et dont les boiseries anciennes sont réputées sans égales. Mais il était trop tard pour revenir sur nos pas : nos deux chevaux, après avoir descendu de ces pentes dont les villes portugaises ont le monopole, nous emportaient maintenant au grand trot à travers une campagne délicieuse, toute fleurie et tout embaumée, vers la « Quinta das Portellas ».

C'est une propriété privée, située assez loin de la ville, et où l'on arrive par une longue avenue d'eucalyptus géants. « Quinta » veut dire parc ; ce domaine comprend, en effet, des jardins étendus, entourant un vieux château que sa chevelure de lierre rend très vénérable. Un bonhomme de jardinier nous en fit les honneurs. Peu ou point de grands arbres dans ces jardins qui semblent faits uniquement pour les fleurs, et sur ce point déploient une magnificence sans égale. Des murailles disparaissaient tout entières sous les grappes violettes et parfumées des plantes grimpantes ; des roses merveilleuses s'épanouissaient dans tous les coins ; les fleurs des orangers embaumaient l'air ; enfin des camélias sans nombre, au luisant feuillage, étaient tout constellés de fleurs éclatantes, sanglantes ou nacrées, et jonchaient le sol. Au fond du parc, sous un tunnel d'ifs taillés en voûte, nous atteignîmes un petit pavillon d'où l'on découvrait sur le fleuve et sur le décor formé par les montagnes un ravissant paysage.

Quelque agrément qu'elle nous ait procuré, nous avons un peu regretté cette promenade à la Quinta das Portellas. Elle nous a pris trop de temps. De retour à Coïmbre, il nous a été impossible de passer le Mondego, et, remontant la rive opposée, d'aller visiter le grand couvent de Santa-Clara, ses jardins, sa « Quinta das Lagrymas », sa Fontaine des Amours. On dit ces lieux fort pittoresques ; ils doivent, en outre, une certaine célébrité au souvenir de la belle Inès de Castro qui y fut massacrée.

De même, en ville, nous n'avons pu visiter la vieille cathédrale. Il fallut nous contenter d'entrer dans une antique église dénommée Santa-Cruz ; elle est digne d'une visite, grâce à sa chaire de pierre finement sculptée et à son cloître qui nous a un peu rappelé celui de Tarragone ; mais, par contre, on nous fit monter très haut jusqu'à une grande chapelle ovale, placée sous les combles, et peinturlurée dans les tons les plus odieux : nous nous serions bien dispensés de gravir cette centaine de marches, si nous avions connu la laideur de ce qui nous y attendait.

Vers six heures et demie, nous regagnâmes la gare

de Coïmbre à pied. La soirée était calme et fraîche. Dans les rues et sur les quais du Mondego, les étudiants, drapés élégamment dans leurs longues toges noires, se promenaient par petits groupes. Les femmes du peuple, en grand nombre, allaient et venaient, portant avec crânerie sur la tête leurs belles urnes de terre cuite, semblables à des amphores, qu'elles venaient de remplir à la rivière. Aux derniers rayons du jour affaibli, la vieille petite ville semblait se parer avec coquetterie de tout le cachet qu'elle a gardé des siècles passés; assise devant son fleuve riant, dans son cadre de collines et de verdure, elle exhalait un parfum d'indéfinissable poésie, qui impressionnait et captivait. Il fallut cependant partir, et à sept heures nous lui dîmes adieu, avec le regret que laissent après elles les jolies choses trop peu vues et trop tôt quittées.

X.

LISBONNE ET CINTRA.

COÏMBRE ne se trouve pas sur la grande ligne des chemins de fer, mais elle y est reliée par un court tronçon de deux kilomètres qui permet de rejoindre les express de Porto à Lisbonne.

A minuit nous avons atteint la capitale du Portugal par un des plus violents orages que j'aie vus de ma vie. Le vent rugissait à faire frémir ; la pluie tombait à flots. Toutes les voitures avaient fui devant la tourmente. Il nous fallut laisser nos bagages dans la gare inondée, et gagner tant bien que mal l'Hôtel Central où l'on nous accueillit comme quatre naufragés.

Cet hôtel est situé sur les quais de Lisbonne. J'étais pour ma part relégué au quatrième étage; mais je trouvais à cet inconvénient une compensation dans une vue magnifique sur le Tage étalé au pied de la ville comme une mer intérieure. Le fleuve, en effet, forme devant Lisbonne une rade splendide, large de douze à quinze kilomètres; c'est à peine si l'on en distingue les rives opposées dès que le temps est peu clair. Il se resserre ensuite avant de se jeter dans l'Océan et n'a plus qu'une demi-lieue de large, comme pour mieux fermer sa rade incomparable où des centaines de navires de tous les pays sont ancrés.

Lisbonne, construite en amphithéâtre, s'étend à l'infini le long de ce bras de mer. La plupart des rues sont droites, larges, bordées de maisons régulières, aux façades tout à fait plates, sans une sculpture, sans une saillie. On sent une ville sortie de terre d'un seul jet, comme par miracle, après l'effroyable catastrophe qui l'anéantit en 1755, le jour de Toussaint, et lui tua en quelques secondes quarante mille habitants écrasés sous les décombres.

Quelques belles places plantées et pavées de mosaïque à grands ramages viennent rompre la monotonie des rues trop tirées au cordeau et trop pareilles entre elles. Parmi beaucoup d'autres, j'ai surtout remarqué la place de Camoëns, avec le patriotique monument de ce poète ; et la place du Commerce, où s'élève très haut, sur un piédestal entouré d'éléphants, la statue équestre d'un roi de Portugal. Cette dernière place est immense, bordée de galeries, et tout un côté en est ouvert sur la rade du Tage. Elle communique par un arc de triomphe avec la « Rua Augusta » qui, parallèle à deux autres, la rue de l'Or et la rue de l'Argent, forme avec elles le noyau le plus commerçant de la ville et le centre des plus riches magasins. Toutes trois relient la place du Commerce avec celle de Pedro V, vaste rectangle planté de quinconces, dont un des petits côtés est formé par la façade du théâtre Dona Maria. Au centre s'élève une belle colonne de marbre supportant la statue du roi Pédro V.

On trouve au-delà, à sa naissance, l'avenue de la Liberté ; c'est un large boulevard qui mènera vers un parc en projet : l'avenue n'atteint encore que la moitié de sa longueur future : et déjà des travaux considérables d'embellissement y sont entrepris.

Dans l'état actuel, Lisbonne est plutôt une grande ville qu'une véritable capitale. Sa physionomie intérieure n'a rien d'imposant. Mais elle est d'une désespérante étendue ; il semble que tous les édifices curieux pour le voyageur aient été volontairement éparpillés à deux heures de marche les uns des autres, et comme, par surcroît, les rues se maintiennent à des pentes d'au moins quarante-cinq degrés, la ville est bien l'une des plus fatigantes qui soit au monde.

Dans le costume des habitants, toute trace de pittoresque a malheureusement disparu. La population élégante porte dans toute leur pureté les modes parisiennes. Là, plus de mantilles, plus rien qui nous ait rappelé notre éloignement de France. Le bas peuple lui-même, quant aux vêtements, se confondrait sans peine avec celui de nos faubourgs.

Au sortir de l'hôtel, le dimanche 14 avril, jour des Rameaux, nos premiers pas se dirigèrent tout naturellement vers les églises. Paroissiales ou non, elles foisonnent à Lisbonne, surtout dans certains quartiers où on les trouve se touchant presque les unes les autres. Toutes se ressemblent d'ailleurs, datant pour la plupart de la même époque, celle de la reconstruction de la ville par les soins du ministre Pombal. Dans toutes, mêmes ornements de peinture, moins tapageurs que les dorures espagnoles, et même disposition intérieure, une nef unique largement cintrée, sans piliers, flanquée de chapelles latérales.

Au cours de nos investigations, le hasard nous mena dans la chapelle d'une Confrérie de la Miséricorde, où toutes sortes d'insignes, de brancards et de statues étaient apprêtés pour la procession du soir, un de ces antiques cortèges religieux de la semaine sainte encore si en honneur dans la Péninsule.

Nous trouvâmes également sur notre chemin le Musée archéologique qui renferme, comme tous ses pareils, de vieux chapiteaux frustes, des inscriptions illisibles pour les profanes, quelques vestiges romains, des médailles, des tombeaux, quelques fossiles, et d'horribles momies péruviennes placées sous globe, ratatinées et grimaçantes. Le grand mérite de ce musée est d'être installé dans les ruines d'une église gothique qui s'effondra en partie au tremblement de terre; l'abside seule a conservé ses voûtes qui donnent abri aux collections; mais les nefs sont à ciel ouvert et l'herbe y pousse en abondance, inséparable compagne des ruines; elles n'ont gardé que leurs colonnes aux sculptures effacées, qui soutiennent encore les nervures des ogives, amincies comme des fils de pierre.

Notre après-midi fut donnée à Belem, affreux faubourg plein d'usines et d'habitations pauvres. Belem est comme une queue de Lisbonne qui s'étend au loin vers la mer, le long du Tage resserré. Nous projetions de nous y rendre par bateau, mais certaines réparations des quais avaient interrompu le service, et il fallut nous contenter d'un prosaïque et poussif omnibus. Il est vrai que le but valait les cahots du voyage.

Le célèbre couvent des Hieronymites, rare exemple d'un monument historique intelligemment entretenu, nous charma dès l'abord par la vigoureuse ornementation gothique du principal portail de son église, encadré de fleurons, de statues, et surmonté d'une image de la Vierge. Il rappelle un grand souvenir, celui de la découverte du Cap des Tempêtes et de la route des Indes par Vasco de Gama. Ce fut en effet un infant de Portugal, compagnon du grand navigateur, qui fit élever les merveilles de ce monastère pour perpétuer la mémoire de son expédition. Aujourd'hui un orphelinat fondé par la reine Maria Pia, et qui abrite un millier d'enfants, occupe les bâtiments.

Le cloître de Belem est l'un des plus grands et des plus ravissants qui se puissent voir. Sa cour est pleine d'une verdure gaie. Ses pilastres énormes faits d'un granit blanc qu'on prendrait pour du marbre, sont brodés de sculptures étonnantes. Il y a deux étages de galeries ; à l'un comme à l'autre les grandes arcades se partagent en de plus petites dessinées par des colonnettes, des arceaux, des médaillons, des torsades, tous variés dans leur dessin, tous différents par la fantaisie qui les a inspirés. Ce n'est plus de la sculpture, ni de l'architecture ; c'est de la joaillerie ; c'est de la pierre ouvrée par des orfèvres.

Comme nous parcourions ce cloître d'une magique beauté, des escouades de petits orphelins vêtus de gris, marchant militairement au pas sous les ordres des aînés d'entre eux, débouchèrent ensemble par toutes les portes. Ils venaient prendre leur récréation sous ces voûtes magnifiques, et les firent bientôt résonner de cris assourdissants. On nous montra leurs dortoirs où les petits lits s'alignaient proprement ; et leur réfectoire, autrefois celui des moines. C'est une belle salle gothique, profonde et large, dont les lambris sont recouverts de sujets bibliques en faïence bleue.

Une chapelle toute moderne ouvre sur le cloître. En granit blanc comme le reste de l'édifice, elle renferme un splendide mausolée que les Cortès portugaises ont fait élever il y a peu d'années à Alexandre Herculano. Mon ignorance de la langue des Lusiades me rend incapable d'apprécier les titres de cet historien et de cet homme politique à l'amour de ses compatriotes, mais j'estime qu'il a dû dire et faire de bien belles choses en son vivant pour si bien inspirer les artistes de sa sépulture.

Quant à l'église proprement dite du monastère, nous l'avons vue du haut de la tribune des orgues, ancien coro où les moines s'asseyaient autrefois dans des stalles sculptées d'un goût bizarre, ornées de grotesques et d'animaux fantastiques. Vues de ce point les nefs gothiques de l'église sont d'un imposant et religieux effet. Mais ce qui surtout frappe l'œil, ce sont quatre minces piliers de marbre blanc entièrement sculptés qui s'élancent du sol jusqu'au milieu de la voûte avec une prodigieuse légèreté.

Aux parties anciennes du couvent sont attenantes des annexes neuves où l'on a installé un musée industriel à l'aide des débris d'une exposition quelconque. On travaillait il y a une douzaine d'années à les construire, et parmi elles on élevait une espèce de tour qui en occupait le centre, et qui s'écroula tout à coup en 1878, tuant sous elle plusieurs ouvriers. Les journaux français racontèrent l'événement ; quelques-uns déplorèrent avec émotion et gravures à l'appui la disparition d'un des plus vénérables monuments du Portugal. Mais ils commettaient une grossière confusion entre ce clocher en construction et la véritable Tour de Belem qui n'a rien de commun avec le couvent, et n'en est même pas la voisine immédiate.

Celle-ci est toujours intacte. Elle s'avance comme par le passé sur un petit promontoire au bord du Tage, dont jadis elle défendait l'entrée. Aujourd'hui encore, bien que déchue de son rang d'ouvrage militaire, elle est comprise dans l'enceinte d'une batterie d'artillerie qui menace le fleuve de quelques bouches à feu et dont les courts glacis se montrèrent à nous recouverts d'un charmant tapis de fleurs rouges. Cette situation rend les abords de la tour assez malaisés à reconnaître. Il faut, pour y pénétrer, s'adresser au factionnaire de la batterie, et c'est un des artilleurs de garde qui introduit les visiteurs.

La Tour de Belem a trente-cinq mètres d'élévation. Elle est carrée et massive ; néanmoins le goût des ornements qui la décorent lui donne de la grâce et un grand mérite artistique. Une terrasse crénelée l'entoure à sa base. Chacune des quatre faces de l'édifice est percée d'une fenêtre double que précède, une petite balustrade très élégante. Aux trois quarts de la hauteur totale, une couronne de gros créneaux fait le tour d'une première galerie ; ils ont la forme d'écussons et portent en relief sur la pierre la croix pattée de Portugal. Au-delà la tour se resserre en un dernier étage un peu plus étroit que le reste, pour se terminer par une plateforme au centre de laquelle quatre tourelles font saillie. On y accède par un mauvais et obscur escalier taillé en colimaçon dans l'épaisseur des murailles, et non au centre de l'édifice où sont des salles vides et voûtées.

De la terrasse supérieure, nous dominions le Tage et ses deux rives, avec une belle échappée vers l'Océan. Au nord, par dessus le grouillant faubourg, nous pouvions distinguer sur les pentes de la colline le champ de courses, noir d'équipages et de spectateurs, et plus haut, tout en dehors de Lisbonne, assez isolée au milieu des prairies et dominant bien la rade, la grande masse blanche du palais d'Adjuda, résidence de la famille royale et de la cour de Portugal.

Comme nous sortions de la Tour de Belem, la pluie se mit à tomber. Nous revînmes à Lisbonne. La place don Pedro et toutes les rues environnantes étaient couvertes d'une foule compacte, attendant le passage de la procession religieuse dont nous avions, le matin, vu les préparatifs dans la chapelle de la Confrérie de la Miséricorde. C'est sous un déluge que nous vîmes défiler lentement et héroïquement ce malheureux cortège.

Il comprenait une longue série de groupes où porteurs et pénitents, vêtus de toges drapées, tenaient les uns des cierges, les autres des bannières et des piques, d'autres de lourds brancards avec les statues du Christ dans les diverses scènes de la Passion. Suivant le réalisme exigé de la dévotion méridionale, ces images étaient peintes, avaient de longues robes de velours violet et de vrais cheveux dont le vent faisait voltiger les mèches désordonnées. Un nombreux clergé suivait ces groupes; sous un dais d'étoffes anciennes on portait des reliques; enfin la musique militaire et quatre compagnies d'une sorte de garde municipale dont les soldats, par respect allaient tête nue, fermaient la marche.

Le cortège était imposant, et la foule amassée dans les rues et aux fenêtres le contemplait avec de grandes marques de dévotion : mais c'était pitié de voir tous ces infortunés poursuivre stoïquement leur route d'un pas solennel, sous les torrents d'une pluie implacable qui les aveuglait à demi, éteignait leurs lumières, gâtait leurs riches ornements, et plaquait les vêtements décolorés sur leurs épaules grelottantes. Jamais je n'assistai à plus triste noyade. L'ouragan continua à sévir toute la nuit avec une rage sinistre.

Notre journée du lendemain débuta par une sotte mésaventure. Nous sortions de l'Hôtel Central vers neuf heures du matin, avec l'intention de visiter quelques églises et de rentrer bientôt pour déjeuner, lorsque mon père voyant le long des quais un petit bateau à vapeur prêt à partir, crut saisir l'occasion de traverser le Tage qui, en cet endroit, n'a pas plus d'une demi-lieue de large, et de gagner Almada, bourgade située sur l'autre rive. La décision est prise sur-le-champ ; nous nous embarquons, et à l'instant même on se met en route. Mais à peine l'amarre est-elle lâchée qu'un contrôleur, voyant nos billets, nous déclare que nous nous sommes trompés de bateau, et que celui qui nous porte va nous débarquer près de je ne sais quel trou, à dix-sept kilomètres de là, traversant l'immense rade dans sa plus grande largeur !

Si vive que fût notre contrariété, il était trop tard pour réparer le mal : nous étions partis. Pas moyen du reste de prendre la chose avec philosophie ; il faisait un temps épouvantable ; la mer soulevée par le vent était jaune, laide et houleuse ; des ondées tombaient de quart d'heure en quart d'heure, et ne manquaient jamais de balayer le pont dès que l'un de nous s'y risquait pour contempler le panorama de Lisbonne. Après avoir longé des bancs d'huîtres marécageux, on aborda pour dix minutes dans un village misérable où nous ne vîmes en fait d'habitants qu'un troupeau de porcs bruns qui s'engouffraient dans une étable en hurlant. Tel était le but de la traversée ! Notre bateau, vieux remorqueur hors de service, avait mis une heure et demie pour l'atteindre ; il en mit plus de deux pour revenir, sa machine poussive n'étant pas de force à triompher du vent et de la marée. Ajoutez que nous étions partis à jeun, et vous aurez une idée des agréments de tout genre que nous procura cette charmante excursion.

Instruits par cette expérience, et décidés à ne plus rien laisser à l'imprévu, nous fîmes de notre après-midi un emploi plus intelligent, en visitant les carrosses royaux, le palais « das Necessidades », l'église du Sacré-Cœur, les « Aguas Libras ».

Les carrosses de l'ancienne cour, conservés à Belem, sont aussi étonnants par leur nombre et leurs dimensions que par leur richesse. Suspendus à des ressorts énormes par des courroies de cuir travaillé, ce ne sont que des masses de sculptures en bronze ou en bois doré, représentant des amours, des conques, des aigles, des chimères et des dieux, mêlés aux couronnes et aux armoiries ; tout l'attirail mythologique et toutes les mièvreries de la rocaille y ont passé. Au milieu de la débauche d'ornements qui les encadrent, les panneaux sont recouverts de ravissantes peintures allégoriques et païennes en vernis-martin. Ce sont de vraies châsses dont l'intérieur est tendu d'étoffes magnifiques, damas Pompadour ou Louis XVI, velours cramoisis, velours bleus frappés, ayant conservé leurs chatoyantes couleurs.

Depuis le XVIe siècle jusqu'au nôtre, et surtout

durant le XVIIIe, tous les souverains portugais à tour de rôle ont eu l'ambition d'attacher leur nom à un carrosse de ce genre. Toute occasion leur était bonne pour ajouter un numéro de plus à leur collection, leur couronnement, leur mariage, celui de leurs enfants, etc. C'est ainsi qu'ils sont arrivés à former cette accumulation de coûteuses et inutiles merveilles.

Au nombre des plus curieuses de ces voitures étaient celles qui servaient aux voyages, moins follement fastueuses que les carrosses d'apparat. Il en est qui forment une véritable salle à manger, avec des sièges aux quatre angles au lieu de banquettes, et une table où l'on prenait les repas. Détail fantastique : en prévision de la longueur des trajets, toutes présentent, quand on soulève leurs épais coussins de velours mollement rembourrés, certains orifices circulaires sur la nature desquels il n'est pas possible d'élever le moindre doute, et qui rappellent à la postérité ébahie devant ces perforations insolites, que :

Pour grands que soient les rois, ils sont ce que nous sommes,

c'est-à-dire soumis comme le dernier de leurs sujets aux plus intimes infirmités de la nature humaine.

Sur cette réflexion consolante, je passe au palais « das Necessidades ». Pourquoi ce nom étrange ? J'en aurais compris l'application aux voitures dont je viens de parler ; mais j'avoue ignorer ce qui l'a valu à l'édifice en question. Celui-ci n'a pas de destination bien précise, sinon de recevoir des princes étrangers, ou d'être offert aux souverains détrônés en quête d'un asile. Le comte de Paris et les princes d'Orléans l'ont habité quelques jours au moment du mariage de la princesse Blanche avec le duc de Bragance, devenu depuis roi de Portugal.

L'entrée du palais est peu facilitée au voyageur, qui pénètre bien librement dans les cours ouvertes, mais n'y trouve personne et ne sait à qui s'adresser. Très perplexes, nous errions depuis un instant sous les péristyles déserts, lorsqu'un heureux hasard mit sur notre chemin un monsieur des plus aimables qui fit appeler divers gardiens du palais et réussit à nous en faire ouvrir les portes.

L'architecture de l'édifice est tout à fait simple. L'intérieur se compose d'une interminable enfilade de salons, tendus de damas brillants. Mais la vie manque à tout cela ; point de tableaux ; rien que le classique et froid ameublement des palais inhabités.

L'église du Sacré-Cœur, voisine des jardins publics de l'Estrella, a été construite par les ordres de la reine Marie Ire, sur l'un des points les plus élevés de Lisbonne. C'est un temple beau d'une beauté froide, qui ne parle qu'aux yeux par la rectitude des lignes et l'harmonie des proportions. Les architectes se sont visiblement inspirés de Saint-Pierre de Rome. La façade, qui a trois portes, des pilastres élevés, des chapiteaux et deux tours, est toute en marbre blanc, ainsi que le dôme qui recouvre avec majesté le centre de la croix. L'intérieur a aussi de beaux marbres et renferme le tombeau de la reine fondatrice. Malheureusement, depuis une semaine, les églises que nous visitions nous refusaient la vue de leurs plus belles œuvres d'art : retables, statues, autels et tableaux, tout disparaissait sous les voiles violets du temps de la Passion.

On donne le nom de « Aguas Libras » à un réservoir de cinq ou six mille mètres cubes, qui dessert d'eau potable la ville de Lisbonne. Les eaux y sont amenées d'environ dix-huit kilomètres par un magnifique aqueduc qui traverse les montagnes souterrainement, et franchit les plaines sur des arches grandioses. C'est un travail digne des Romains.

Au retour, nous avons croisé deux enterrements, ce qui nous a permis de juger du matériel des pompes funèbres portugaises. Je n'ai jamais rien vu de moins adapté à la triste majesté de la mort. Les corbillards, de forme bizarre, tourmentés de sculptures et entièrement dorés, feraient chez nous d'excellents chars de parade pour les cirques ambulants ou les vendeurs d'orviétan. Quant au clergé, il suit le cortège dans un petit carrosse étroit, dont la caisse, aussi peinte et aussi dorée que le reste, est fermée par des glaces, suspendue par des courroies de buffle à de grands ressorts recourbés, et perchée sur deux immenses roues écarlates. Ma première impression, en apercevant ce véhicule invraisemblable, fut qu'on promenait quelque antique cabriolet échappé du musée des voitures royales.

Nous avions fixé au mardi 16 avril la date de notre excursion à Cintra. Là, plus qu'en aucun autre point de notre voyage, nous avions besoin de beau temps ; or, non seulement nos premiers regards, anxieusement dirigés dès l'aube vers le ciel de Lisbonne, nous firent voir que le soleil nous manquait ; mais encore, du côté de la mer, l'horizon revêtait une teinte de suie, les nuages frôlaient la terre comme prêts à l'étouffer, et la pluie tombait à flots. Il fallait un véritable héroïsme pour partir dans de telles conditions.

Nous l'eûmes cependant, en dépit même des obstacles matériels qui s'étaient mis aussi de la partie pour nous arrêter, car une voiture trop lente faillit nous faire manquer le départ : en arrivant à la gare située à Alcantara, près de Bélem, nous en trouvâmes toutes les portes closes ; impossible de pénétrer, ni de parvenir jusqu'au train qui chauffait, prêt à partir ! Il fallut appeler, crier, se fâcher, supplier les employés par signes pour obtenir l'entrée de cette maudite gare, et pouvoir enfin sauter dans l'un des wagons au moment même où le convoi s'ébranlait.

Pendant le trajet, la pluie persista sans rémission ; et quand nous atteignîmes Cintra au bout d'une heure, le sommet de la montagne, de cette montagne que nous venions voir de si loin et qu'on nous disait si belle, avait disparu dans un nuage ! N'était-ce pas à en pleurer de dépit ? Bien nous en prit cependant de n'avoir pas désespéré. A peine étions-nous de quelques instants dans la petite ville que, contre toute attente la pluie ayant cessé, le ciel se nettoya peu à peu, les nuages noirs s'enfoncèrent à l'horizon, tout se dégagea, et le soleil reparut comme par enchantement. Après ce changement si brusque, la journée resta belle et nous donna des jouissances d'autant plus douces qu'elles avaient été moins espérées.

A vingt-sept kilomètres de Lisbonne, dans les plaines montueuses qui s'étendent au nord de cette ville, s'élève un massif rocheux. Sans doute, il n'a pas l'altitude ni l'importance orographique du Montserrat des environs de Barcelone, mais il le rappelle par son isolement et l'altière façon dont il domine le pays environnant. Une végétation éblouissante le recouvre : ses flancs apparaissent comme un amoncellement de forêts mises en tas par la main du Créateur ; ce n'est plus qu'un bloc de verdure hérissé de place en place de pointes de roche grise.

Le premier sommet qu'on aperçoit est couronné par les ruines bien dessinées d'une forteresse arabe inaccessible. C'est au pied et sur les pentes naissantes de cette montagne, qu'est bâtie dans une parure de fleurs, au fond d'un nid embaumé, la petite ville de Cintra.

Elle entoure un vieux château où la famille royale vient chaque année passer une partie de l'été. Rien n'est singulier d'aspect comme cet édifice ; la fantaisie la plus libre a présidé à son architecture où l'on trouve de tout, du moresque et du gothique amalgamés à dix autres styles ; pas une encoignure qui ne soit hors d'équerre ; les murs sont d'un gris de ruine qu'on s'étonne de ne pas trouver couvert de lierre et de mousse ; enfin l'ensemble, dans le désordre heurté des pignons entrecroisés, n'a pas le charme des choses qu'on a privées volontairement d'unité dans un but artistique. Deux grosses tours jaunâtres, parfaitement comparables comme silhouette à des pains de sucre, ne sont pas une des moindres bizarreries qui frappent le touriste à son arrivée ; elles s'élèvent très haut, sans aucune fenêtre ni ouverture, au-dessus des autres bâtiments, et de l'extérieur il est impossible de deviner quelle en est la destination.

Nous débutâmes par visiter cette résidence royale de si piètre mine : un gardien nous en ouvrit les portes, et nous promena dans une longue série de salles fort anciennes, pauvres et démeublées : puis dans les quelques petites pièces un peu plus confortables qu'occupe la famille royale. Aucun faste n'y règne, et tout y témoigne des goûts simples de la cour de Portugal. En somme, rien n'est moins tentant comme habitation que cette vieillerie.

En parcourant les bâtiments délabrés, nous avons eu l'explication des deux pains de sucre qui, du dehors, font un si disgracieux effet : ce sont deux énormes exutoires coniques, sous lesquels sont placées les cuisines ; les fourneaux n'ont pas de cheminée spéciale, et la fumée, les odeurs, les émanations de tout genre s'échappent tant bien que mal de ces dômes troués, tout noircis de graisse et de suie. C'est écœurant de malpropreté.

Je noterai enfin, pour en terminer avec ce palais si peu attrayant, une salle de douches d'origine arabe. Toute plafonnée, tapissée et pavée de faïences multicolores, c'est une sorte d'alcôve ouverte sur une cour qu'orne une fontaine de marbre ; les parois en sont percées de mille petits trous invisibles, qui donnent passage à une pluie de jets croisés en tous sens, venant à la fois du haut, du bas et des côtés, et faisant ruisseler les faïences brillantes ; la fontaine extérieure se met, elle aussi, à asperger de toutes parts le sol dallé de la petite cour. Or, le gardien qui nous conduisait avait trouvé plaisant de ne pas nous en prévenir, et au moment où il tourna les robinets qui mettent en jeu toutes ces combinaisons, peu s'en fallut que nous ne fussions inondés pitoyablement sous cette douche inattendue.

A l'heure du déjeuner nous nous fourvoyâmes dans une gargotte de sixième ordre tenue par une anglaise, et où l'on nous servit un repas détestable après lequel nous partîmes pour la grande excursion. Nous avions loué un landau découvert, dont les deux chevaux commencèrent à gravir avec beaucoup d'ardeur les pentes sinueuses de la montagne. Il n'était que onze heures du matin ; le ciel s'était décidément rasséréné. Comment n'eût-il pas souri à une nature aussi belle ?

Dès nos premiers pas hors du bourg, nous fûmes émerveillés par l'extraordinaire richesse de la végétation de Cintra : autour de nous, des citronniers ployaient sous le poids des fruits ; on aurait pris les pêchers en fleurs pour des arbres de corail rose ; des plantes folles grimpaient le long des roches ; des géraniums hauts comme des arbustes entremêlaient leurs troncs noueux pour former le long du chemin d'épaisses haies pleines de fleurs et d'une odeur délicieuse. De temps en temps, sur les flancs de la montagne ainsi parée, il semble qu'un titan mythologique ait pris plaisir à mettre en pile des roches énormes qui surplombent la route, et épouvantent le passant par leur effrayant équilibre.

Nous montions depuis quelques instants au milieu de ce site magnifique, quand nous aperçûmes à la pointe d'un sommet, jusque-là invisible, le château de la Penha qui profilait sur le ciel un fabuleux entassement de tours, de coupoles, de terrasses, de flèches et de minarets. Sur ce cône de verdure, jadis les souverains du Portugal avaient fondé un monastère. Il y a quarante ans, le roi Ferdinand de Saxe-Cobourg-Gotha, veuf de la reine dona Maria da Gloria, ayant abdiqué le pouvoir, y fit construire, pour s'y retirer, le château le plus extraordinaire qui ait jamais été conçu.

Par son ordre, on a posé parmi les rochers anguleux, à une vertigineuse hauteur, les assises d'un palais immense, dont les façades plaquées de faïence miroitent au soleil ; on l'a ceint de terrasses étagées, de chemins de ronde, de ponts-levis, de murs crénelés, comme un manoir féodal : on lui a fait une couronne de tourelles, de dômes et de donjons, puis on a recouvert le tout de sculptures, de revêtements brillants, de blasons, de dragons et de chimères, et l'on a parfait ainsi une merveille incomparable, sorte de tour de force, de fantaisie de demi-dieu, dont les plus audacieuses descriptions ne sauraient même donner l'idée.

Quand on approche du féerique édifice, quand on en franchit les enceintes successives, l'admiration devient de la stupeur, et l'on se prend à douter de ses propres yeux. Je ne crois pas que le panorama dont on jouit des tours et des terrasses puisse être dépassé en magnificence.

A nos pieds, les pentes de la montagne semblaient un coin de forêt vierge transporté là du fond de quelque continent mystérieux. Les autres sommets du massif de Cintra entouraient celui que nous avions gravi, l'un d'eux couronné par les ruines roussies du château more ; un autre plus éloigné, portant la statue solitaire de Vasco de Gama. Du haut de ce socle altier, les regards du grand navigateur contemplent l'Océan sur lequel il osa s'élancer à la recherche de l'inconnu.

Par delà les montagnes et vers le nord, les plaines

se déroulent comme une immense étoffe bariolée. Enfin, sur trois côtés, la mer forme l'horizon, et comme nous la dominions de très haut, elle en reculait la ligne bien au-delà des limites ordinaires. Une frange d'écume bordait le gracieux contour des côtes portugaises qu'on suivait ainsi à des distances infinies. L'Océan nous faisait la faveur d'une exquise teinte céleste, qu'il avait recouvrée depuis quelques heures à peine ; et cette nappe azurée et pailletée au soleil, seuls les flots moins limpides du Tage dont on apercevait au loin l'embouchure, la tachaient d'une large échancrure jaunâtre.

Le roi Ferdinand était savant collectionneur. C'est dans le palais aérien de la Penha, dans cette résidence si vraiment royale qu'il a, dit-on, réuni des objets d'art d'une valeur inappréciable. Mais personne aujourd'hui ne jouit plus des richesses accumulées à l'intérieur du château, car la cour de Portugal n'y vient jamais ; quelques gardiens l'habitent seuls et n'en ouvrent malheureusement pas les portes aux visiteurs. Nous n'avons été admis à voir qu'une salle à manger circulaire, sorte de rotonde soutenue par un pilier central et décorée de têtes de cerfs et de daims ; et la chapelle, qui est petite, mais possède un autel et un retable d'albâtre d'un précieux travail.

Le château de la Penha est entouré d'un domaine

immense : les trois quarts de la montagne qu'il couronne sont des jardins dessinés avec art le long des pentes, et les montagnes environnantes, de giboyeuses forêts closes, sillonnées de routes. Nous sommes redescendus à pied à travers les jardins qu'on entretient avec un soin admirable. La splendeur de la végétation, l'incessante inégalité du terrain, les mares, les rochers, multiplient à l'envi les recoins charmants ; à chaque pas, un peintre trouverait un tableau à faire. Un bois de camélias surtout nous frappa, non pas un simple bosquet, mais un bois véritable, constellé de fleurs éblouissantes, rouges comme des taches de sang ou blanches comme des lamelles de nacre.

A l'une des grilles du parc notre voiture nous attendait ; nous quittâmes le domaine de la Penha. Nos deux chevaux nous emmenèrent d'un trot vigoureux à travers les forêts de sapins, toujours dans la montagne, et par des chemins si détestables et si ravinés, qu'il nous fallait parfois descendre de voiture de peur de verser aux endroits les plus difficiles.

Nous atteignîmes ainsi dans un coin rocheux et inculte du massif, une chaumière et un petit enclos qu'une pauvre vieille femme infirme, triste habitante de cette solitude, vint ouvrir à notre appel. On nous avait, à Cintra, recommandé la visite d'un ancien couvent de capucins ; nous fûmes assez surpris d'apprendre que nous l'avions devant les yeux. Au lieu des bâtiments, des églises, des clochers, que nous attendions, il n'y avait là que quelques petites constructions irrégulières, terreuses, hautes à peine de deux ou trois mètres, couvertes de tuiles grossières, et de l'aspect le plus triste et le plus misérable.

Notre étonnement s'accrut encore quand nous eûmes passé le seuil de cette masure délabrée : sur un couloir tortueux dont le plafond et les murs sont formés de plaques de liège, s'ouvrent une quinzaine de cellules, trop petites dans toutes leurs dimensions pour qu'un homme puisse s'y étendre ; n'ayant chacune pour fenêtre qu'un trou informe dans la muraille, et pour porte qu'une ouverture rectangulaire dont la hauteur ne dépasse pas un mètre, et la largeur trente ou trente-cinq centimètres : pour passer par de tels orifices, il faut s'accroupir, puis se glisser de côté.

C'est dans cette retraite que quelques moines du XVe siècle, voulant protester contre le faste des grandes abbayes d'alors, vinrent enterrer leur existence. Leur réfectoire, plafonné de liège comme le reste de la maison, qu'on appelle dans le pays le « couvent de liège », était une petite pièce creusée à même dans le rocher, à quelques pieds de profondeur ; un bloc de pierre adhérant au sol tenait lieu de table. Une autre cavité du même genre, sombre, étroite et nue, leur servait de chapelle et de sacristie ; on y voit encore sur un autel rudimentaire, deux statuettes de saints coloriées et grimaçantes.

En visitant ce navrant réduit, cet abri de granit et d'écorce, où des hommes ont vécu de plein gré, je me sentais partagé entre la surprise, le respect pour des renoncements aussi incompréhensibles, et l'indignation pour des raffinements de pénitence aussi dénaturés. Dieu demande-t-il donc aux hommes de vivre en tanière comme des animaux et de se recroqueviller pour sa gloire dans des cases faites à la taille des nains ?

Ces pauvres ascètes finissaient par y mettre de l'amour-propre, et par lutter entre eux à celui qui irait le plus loin : à quelques pas des cellules de liège que certain anachorète du XVIe siècle, nommé Honorius, jugeait sans doute trop luxueuses encore pour son usage, on montre au fond d'un trou et sous une roche, un petit caveau humide et complètement obscur, où ce reclus vécut enfoui. N'y avait-il pas un peu de l'orgueil de Diogène dans de tels hommes ?

La visite de ce désolant lieu de mortification nous donnait le frisson. Nous l'achevâmes avec un certain plaisir, et revînmes par les mêmes chemins raboteux jusqu'à la belle route qui descend en lacets de la Penha vers Cintra et la vallée.

Les délices de Cintra en font un lieu de villégiature unique au monde. Aussi les riches familles de Lisbonne y possèdent-elles des châteaux et des villas sur les pentes de la montagne, avec de merveilleux points de vue sur les jardins environnants, les plaines sans fin et la mer. Mais il est une de ces propriétés qui les éclipse toutes, c'est la Quinta de Monserrate. Elle appartient à un Anglais, nommé Cook, bonnetier de son état, et que les Indes et les magasins de nouveautés de Londres ont accablé d'une incalculable fortune. Il se fait appeler, en Portugal, vicomte de Monserrate, du nom de son domaine.

Celui-ci occupe les deux versants d'un vallon creusé au bas de la montagne. Au centre, sur une éminence, s'élève un château un peu écrasé, d'un style à part, rappelant le moresque ; on s'imagine ainsi les palais indous des rajahs, avec des galeries extérieures, des colonnades légères, des dômes blancs. Le parc qui l'entoure complète l'illusion : la végétation en est tellement extraordinaire qu'on ne sait en la voyant si l'on rêve, où si l'on n'est pas transporté tout à coup par quelque magie, dans la plus belle vallée des régions tropicales.

Des arbres d'une forme étrange, les plantes les plus rares, les fleurs les plus éclatantes, ont été réunis à profusion dans cet incomparable éden, et sous la double influence du climat et des soins qu'on leur consacre, y prennent des développements prodigieux. Ce qui est petite plante dans nos pays, le soleil d'Espagne en fait un arbuste, et celui de Monserrate un arbre. Cent espèces de palmiers y croissent avec une vigueur qui fait oublier les jardins déjà si beaux de Malaga. Des variétés sans nombre de sapins et d'yeuses, des chênes-lièges à la rugueuse écorce, des cèdres aux rameaux étalés, des figuiers d'Inde, des néfliers du Japon, des bananiers énormes, des yuccas, chez nous pauvres plantes souffreteuses, là-bas arbres superbes qui rivalisent de hauteur avec les plus grands palmiers, et épanouissent dans les airs, comme les brins de soie d'une houppe, leurs longues feuilles amincies ; des ficus, des caoutchoucs hauts de vingt-cinq pieds, des arbres du Nord formant forêt autour du parc, et couverts déjà de tout leur feuillage ; des aloès aux grands sabres épineux de dimensions fantastiques, des fleurs répandues par milliers, de toutes les nuances et de tous les parfums ; des pelouses parsemées de bouquets d'arbres des tropiques, dévalant en pentes gracieuses autour du château jusqu'au pied du versant opposé où la verdure devient plus épaisse ; une cascade bruyante tombant de la montagne sur un lit de rochers, au milieu d'une éblouissante forêt de camélias, de rhododendrons, de palmiers-nains et de fougères arborescentes ; voilà ce qui nous entourait, voilà le paradis terrestre que nous parcourions dans une sorte d'extase et d'inexprimable ravissement.

Les gardiens et jardiniers nous ayant laissé toute liberté, nous y restâmes longtemps, ne pouvant nous lasser de ces magnificences. Cintra nous captivait ; nous aurions voulu ne jamais partir. Nous ne reprîmes le chemin de la ville et du retour qu'à l'heure où les teintes adoucies du couchant augmentaient encore la poétique grandeur et le charme pénétrant de cette montagne qui débordait de fleurs, de verdure et de parfums.

Cintra garde parmi les souvenirs de notre voyage une place de choix.

Le 17 avril devait être notre dernière journée en Portugal. Quelques églises de Lisbonne s'en partagèrent la matinée.

La cathédrale n'a conservé qu'une faible partie de sa façade gothique antérieure au tremblement de terre de 1755. Nous n'y vîmes rien de remarquable que les accoutrements carnavalesques des nombreux sacristains, et la quantité incommensurable de chandeliers d'argent qu'on disposait en pyramide pour la cérémonie du jeudi-saint.

Une église des hauts quartiers, San Roque, mérite une visite attentive. Elle renferme sous le vocable de saint Jean-Baptiste, une chapelle dont la richesse dépasse tout ce qu'on peut imaginer, et que, en temps ordinaire, des portes closes et de grands rideaux isolent du reste de l'église. Exécutée à Rome vers 1740, montée un instant à Saint-Pierre pour que le Pape y dise la messe, puis transportée à Lisbonne à la place qu'elle occupe encore, cette chapelle est ornée sur le panneau du fond et sur les deux panneaux de côté, de trois grands tableaux de mosaïque, d'une incroyable finesse. L'un représente le Baptême du Christ dans les eaux du Jourdain, d'après Michel-Ange; les autres, l'Annonciation, du Guide, et la Descente du Saint-Esprit sur les Apôtres, de Raphaël. Rendus avec l'exquise netteté de dessin et le chaud coloris de tels maîtres, plus parfaits que les meilleures copies, il est impossible de ne pas les prendre pour des peintures. Il faut monter sur l'échelle roulante disposée à cet effet dans un coin de la chapelle, et coller ses yeux au bas de l'un des panneaux, pour croire aux millions de petits fragments colorés que le patient talent de trois générations d'artistes a, dit-on, mis un siècle à réunir.

Le pavé de la chapelle est également de mosaïque et figure le globe terrestre. Les marches de l'autel sont de porphyre rouge et de granit d'Égypte, d'un grain rond et régulier semblable à de fines peaux de serpent. L'autel est formé de plaques de jaspe et de lapis, entourées d'un large encadrement d'améthyste, aux beaux reflets violets, pierre précieuse prodiguée là par bandes épaisses comme le marbre le plus vulgaire. Le jade, l'onyx, le vert antique, le rouge antique, recouvrent tout le reste de ce joyau et paraissent enchâssés dans le bronze doré et ciselé des lustres et des candélabres. Enfin, huit colonnes corinthiennes supportent la voûte : elles sont entièrement en lapis-lazuli.

Après quelques courses au milieu de l'animation à la fois élégante et commerciale des rues Garrett et Aurea, l'après-midi nous ramena dans la haute ville vers les quartiers neufs, bâtis de beaux hôtels, égayés par des squares en terrasse d'où la vue est magnifique.

Nous avons ainsi atteint le Jardin botanique qui fleurit les alentours de l'École polytechnique portugaise. Un français, M. Daveau, en dirige les plantations. Nous avions pour lui un mot de présentation. Il nous reçut courtoisement dans son bureau rustique, installé et comme creusé au milieu d'une touffe de rosiers arborescents. Son œuvre, vieille seulement d'une douzaine d'années, est déjà devenue, grâce au climat, un joli parc public remarquable par ses fleurs et ses palmiers.

Notre mésaventure sur le Tage ne nous avait laissé que de mauvais souvenirs. Nous devions à ce beau fleuve de nous réconcilier avec lui ; aussi lui avons-nous donné, avant le départ, une promenade dans un canot à voiles. Une forte brise faisait glisser notre embarcation comme une flèche, au milieu des gros navires et des docks flottants ancrés de toutes parts dans la rade. Elle nous porta ainsi jusqu'en face de Belem. Les mouettes innombrables volaient au-dessus de nos têtes, planaient, poussaient de petits cris aigus, décrivaient de grands ronds d'un vol régulier, se laissaient parfois emporter à reculons par le vent, puis s'abattaient brusquement jusqu'à raser l'eau, attirées par les menus débris qui flottaient à la surface.

Devant nous, Lisbonne se déroulait dans l'agrandissement du soir et semblait une ville infinie.

La journée avait été belle, la fin en était magnifique. Nous devions prendre le train pour Madrid à huit heures, et voici que, après trois jours de pluie, c'était au moment où nous la quittions que Lisbonne se montrait à nous sous l'enchanteur aspect qui en fait une sœur cadette de Constantinople et de Naples.

Tandis que nous dînions à l'Hôtel Central, les yeux tournés vers le Tage, une lumière sereine, limpide, adoucie, baignait mollement le fleuve immense dont les flots avaient retrouvé le poli du miroir ; et les côtes éloignées des rivages opposés, illuminées par la calme transparence de l'air, nous montraient avec une netteté toute nouvelle, les lignes arrondies des montagnes et les blanches agglomérations des villes. Nous étions fascinés.

Le souvenir des splendeurs de Cintra venait s'ajouter au panorama que nous avions sous les yeux. Un instant, comme à Gibraltar, il nous parut insensé de quitter ainsi pour jamais, brusquement, de plein gré, cette nature captivante au moment où elle se faisait le plus belle. Retourner à Cintra le lendemain, y errer toute une journée, voir Mafra le jour suivant, et revoir Lisbonne et le Tage tels qu'ils se montraient maintenant à nous, ce projet traversa un instant notre esprit. Mais les circonstances sont plus fortes que les désirs humains. Il était trop tard ; nos bagages étaient faits et partis ; notre programme, rigoureusement limité comme temps, ne nous laissait pas un jour de répit si nous voulions le suivre jusqu'au bout ; nos lettres nous attendaient à Madrid, nos chambres y étaient retenues. Bref, la décision devait être prise trop brusquement, et en dépit de notre émotion et de nos regrets, le départ eut lieu.

En quittant ce joli pays de Portugal, je serais incomplet si je ne notais le sensible plaisir que j'ai ressenti d'y voir la France connue et aimée. Je m'attendais à y trouver l'influence anglaise tout à fait prépondérante ; et je n'ai pas été peu surpris de n'y voir au contraire, à côté d'une vive sympathie pour notre pays, qu'une indifférence marquée pour l'élément anglais (indifférence qui, du reste, a fait place depuis à une hostilité violente).

La colonie française de Lisbonne est très importante. Non seulement les modes et les goûts français tiennent le haut du pavé ; mais, en tout endroit, dans les hôtels, dans les bureaux et les magasins, on parle correctement notre langue. Toute admission dans une école officielle, ou dans une administration quelconque, comporte un examen de français. Ne sont-ce pas là d'heureuses tendances, de nature à flatter notre amour-propre ?

XI.

MADRID.

LA gare de Lisbonne était encombrée de voyageurs tumultueux, et notre train ne se mit en route qu'avec un retard d'une heure.

Tout un cirque français était du voyage, traînant après lui, d'une capitale à l'autre, des monceaux d'ustensiles bizarres, de chaises et d'échelles, de perches et de cerceaux, jusqu'à des perroquets sur leurs perchoirs et des ânes savants tenus en laisse. Ce matériel hétéroclite, lentement enregistré, était empilé dans les fourgons, pêle-mêle avec les bagages des autres voyageurs. Les artistes, écuyères défraîchies, enfants disloqués, garçons de service, clowns anglais, s'entassaient bruyamment dans des voitures de troisième classe. Quant au directeur, sorte de pitre gras et bonasse, et à la directrice, sa femme, une virago résolue et forte en gueule, ils dirigeaient l'embarquement, criaient, gesticulaient, couraient après leurs innombrables colis dispersés, faisaient un tapage de tous les diables et occupaient toute la gare pour eux seuls.

Comme épilogue de cette cohue grotesque, dont tout le train s'amusait, au moment du départ ils ne trouvèrent à se caser dans aucun compartiment, et n'eurent que le temps de se jeter dans le fourgon des ânes, où ils passèrent la nuit.

Peut-être la passèrent-ils meilleure que nous dans nos voitures détestables. Au petit jour, la douane espagnole nous réveilla, à Valencia. Puis, jusqu'à Madrid, pendant quatorze heures, ce ne sont plus que des plaines mornes, sans autre intérêt que la belle ligne neigeuse des Sierras de Gredos et de Guadarrama, que l'on ne quitte pas de vue de la journée. Cette monotonie n'était pas de nature à nous faire paraître le temps moins long jusqu'à huit heures du soir, heure de notre arrivée à Madrid.

Là, même encombrement qu'au départ de Lisbonne, encore compliqué par l'excessive rareté des employés. Tout chôme à Madrid pendant les derniers jours de la semaine-sainte, et la gare était déserte quand notre train s'y déversa. Point d'hommes d'équipe, point de voitures; mais le comble du désordre, et la mise au pillage des fourgons à bagages par une bande de portefaix. Vous réclamiez votre valise, on vous apportait une échelle d'acrobate; vous demandiez vos couvertures, on vous offrait un lot de cerceaux en papier! La directrice du cirque en devenait folle, et dégorgeait sur son personnel ahuri tout ce que ses vingt-quatre heures de garde d'écurie lui inspiraient d'aménités.

Il nous fallut une heure pour sortir de cet antre à peu près saufs, et parvenir, je ne sais comment, à l'Hôtel de la Paix où nos appartements étaient retenus. La fatigue du trajet nous fit gagner bien vite nos chambres et nos lits, et nous remîmes au lendemain, vendredi-saint, le plaisir de faire la connaissance de la capitale de l'Espagne.

Madrid est bien dénuée de cachet personnel auprès de ses antiques sœurs de l'Andalousie; mais c'est une ville gaie; et l'animation des principales rues ne se ralentit à aucun instant de la journée. Tout ce mouvement a pour centre la « Puerta del Sol », belle place de la forme d'une demi-ellipse, située au cœur de Madrid, et dont les larges trottoirs sont toujours couverts de monde, crieurs de journaux, oisifs colportant les nouvelles, marchands d'allumettes, revendeurs de billets de théâtre ou de taureaux, promeneurs et mendiants. Là, se trouvent le ministère de l'Intérieur, le Gouvernement civil, les riches magasins, et les principaux hôtels de voyageurs, entre autres l'Hôtel de la Paix.

C'est de la Puerta del Sol que partent en tous sens les rues les plus animées et les plus marchandes de Madrid ; vers l'est, la célèbre « Calle de Alcala », rôtie par le soleil, conduisant au Prado et aux jardins de la ville ; la « Calle san Geronimo », toute bordée de magasins parisiens ; vers l'ouest, la « Calle de Arenal » et la « Calle Mayor », qui mènent aux quartiers militaires et au palais royal.

Dans cette dernière direction, l'on découvre la « Plaza Mayor » ou de la Constitution. C'est un rectangle fermé de toutes parts par de hautes maisons régulières ; elle ne communique avec les rues voisines que par quelques-unes des arcades qui font le tour de la place en soutenant les étages supérieurs. L'intérieur en est planté en square, et au centre s'élève une vilaine statue en bronze de Philippe III monté sur un cheval difforme. Un ancien édifice municipal, nommé la « Panaderia », avance sur le côté principal du rectangle un balcon, du haut duquel les rois avaient jadis coutume de présider aux fêtes publiques ; c'est là que, lors des couronnements et des mariages royaux, on offrait au peuple de Madrid les sanguinaires divertissements dont il raffolait, des combats de taureaux qui duraient huit jours, ou les auto-da-fé de l'inquisition.

Dans la seconde moitié du dernier siècle, Madrid fut entièrement transformée par Charles III qui consacra toute l'activité de son règne à l'embellissement de sa capitale. La promenade du Prado, plusieurs musées, le jardin botanique, les parcs de la ville, la Puerta d'Alcala, les ministères, les tribunaux, l'hôtel de ville, le Conseil d'État, tout cela fut fondé, dessiné ou construit par les soins de Charles III. Des inscriptions gravées au frontispice de toutes les portes en font foi. C'est aussi ce même prince qui fit construire le palais royal de Madrid, ou tout au moins l'inaugura.

Placé sur les limites ouest de la ville, à peu de distance du lit étroit et desséché du Manzanarès, cet édifice, de belles proportions et d'imposant aspect, occupe un carré de cent trente mètres de côté, avec, aux angles, des pavillons en saillie légère. L'architecture en est sobre et classique ; des colonnes doriques et ioniques forment l'ornement de la façade, et, appuyées sur l'étage inférieur, soutiennent la corniche de la toiture, en encadrant entre elles les hautes fenêtres à frontons sculptés. Le palais est construit en pierre de Colmenar, d'une parfaite blancheur, et que le climat d'Espagne n'altère en aucune façon. Il semble qu'elle vienne d'être travaillée : et l'on a peine à croire que l'édifice ait déjà près d'un siècle et demi d'existence.

Sur la place d'armes qui forme comme une avant-cour du palais, chaque matin, à dix heures et demie, une grande foule de peuple vient assister à la parade des gardes montante et descendante, une des rares cérémonies militaires auxquelles les soldats espagnols apportent un peu de tenue.

Comme à toutes les issues du palais sont postés deux par deux des factionnaires à cheval et à pied, chacune des deux gardes est fort nombreuse, et comprend toute une compagnie d'infanterie, un peloton de cavalerie, lanciers ou chasseurs, une section d'artillerie, une musique et un drapeau avec sa garde particulière.

Leur parade nous parut brillante et originale. Dans l'immense cour inondée d'un soleil éclatant, les deux gardes se faisaient face, alignées en bataille dans la longueur du rectangle ; sur le front, les officiers supérieurs, recevant les rapports ou transmettant les ordres, se tenaient à cheval, immobiles. Les troupes étaient d'un bel aspect, grâce aux uniformes neufs et soignés réservés à la garnison de Madrid. A cause du vendredi-saint, les fusils se tenaient à l'épaule par la bandoulière, la crosse en l'air et le canon dirigé vers le sol, en signe de deuil. Pendant le temps très long qu'on mit à relever les nombreux factionnaires disséminés aux abords du palais, les deux musiques militaires jouaient alternativement des valses.

La parade se termina par le défilé de la garde descendante, défilé qui se poursuit tout autour de la place d'armes, d'un pas mécanique dont la lenteur est extraordinaire, tandis que les musiques réunies et renforcées de clairons répètent à satiété les accords monotones de l'air national espagnol.

Dans un pays qui regorge de richesses religieuses comme l'Espagne, il est sage au voyageur de ne jamais passer devant une église sans y pénétrer. C'est ce que nous faisions presque toujours, quittes à n'y jeter qu'un coup d'œil si l'église offrait peu de curiosités, ou à la visiter plus en détail dans le cas contraire.

« San Andrès » valait pour le tableau la peine d'être traversé. Devant les autels dépouillés, des troupes de femmes du peuple accroupies tapissaient le dallage en chuchotant bruyamment. Sur le côté, une belle chapelle à coupole, couverte de marbre, était remplie de vieilles tentures, de tréteaux, de statues en carton, d'oripeaux et de débris de toutes sortes. Un vieux grenier de théâtre, attenant à un coin des halles.

« San Francisco » ne présentait pas un aspect plus recueilli ; mais le caractère de l'édifice est différent. Il est formé d'une grande coupole centrale entourée de huit autres comme d'autant de rayons. Le coro est au-dessus des portiques d'entrée ; la « capilla mayor », ou maître-autel, lui fait face, et six chapelles moindres se partagent le reste du pourtour.

Cette église ayant été choisie, il y a peu d'années, pour devenir le Panthéon national, l'« Ayuntamiento » de Madrid en fit, en 1880, l'objet d'une entière et somptueuse transformation, et l'ancienne chapelle des moines franciscains est devenue un vrai musée moderne. Les portes sont en bois de noyer finement travaillé en relief ; les lambris sont de marbres de diverses nuances, ainsi que les autels et leurs balustrades. De colossales statues des douze apôtres, en marbre blanc, sont rangées autour de la principale nef. Des peintres de talent ont orné les neuf coupoles de grands sujets lumineux, ciels ouverts, apothéoses, triomphes d'élus. Enfin, grâce au pinceau des meilleurs artistes de l'école espagnole moderne, les trois murailles de chacune des chapelles sont couvertes de fresques magnifiques, d'un coloris brillant, dont les scènes sont des allégories, des batailles, des miracles ou des apparitions.

Tout un peuple se pressait dans cette enceinte en même temps que nous, palpant les marbres, s'expliquant les peintures, donnant les marques d'une admiration extraordinaire. On circulait bruyamment ; on parlait à voix haute, tandis qu'au fond de l'église, envahie comme une place publique, un pauvre prédicateur déclamait du haut de la chaire un sermon que personne n'écoutait et qui se perdait au milieu du bruit. Voilà bien le recueillement espagnol !

Du reste, Madrid entière avait un singulier aspect de fête pour un pareil jour. Jamais dans l'année l'on ne chôme aussi complètement que le jeudi et le vendredi saints ; pas une voiture, pas un tramway ne se montrait dans les rues ; mais, par contre, tout le monde était dehors et la foule endimanchée se promenait, l'air désœuvré et heureux. Aucun magasin n'était ouvert. Un magnifique soleil dorait toute la ville. On pouvait se croire un beau dimanche, l'été.

Cependant l'animation n'était pas partout. Autant elle régnait dans les rues, autant la solitude était complète sur les promenades et le Prado. Ce Prado si réputé n'est qu'une belle allée sablée, couverte de chaises et bordée de larges chaussées pour les voitures. De riches palais s'élèvent le long de ces sortes de Champs-Élysées qui méritent le reproche, très sérieux pour un tel pays, de manquer d'ombre. Aussi n'est-il d'usage de s'y promener que très tard dans la journée et lorsque le soir est presque venu.

Le Prado, qui se prolonge au loin sous des noms divers, est orné de plusieurs fontaines parmi lesquelles deux surtout sont remarquées, celle de Cybèle qui figure sur un char traîné par des lions, en face de la Calle de Alcala, et celle de Neptune, dans une conque attelée de chevaux marins, en face de la Calle San Geronimo.

Un peu plus loin, un monument d'un autre caractère attire l'attention ; il se compose d'un obélisque de granit ayant pour socle un fort piédestal orné d'inscriptions et de statues. On le nomme le « Dos de Mayo », c'est-à-dire le Deux Mai, car il rappelle la mémoire de trois jeunes officiers d'artillerie qui fomentèrent la grande insurrection populaire du 2 mai 1808 contre l'occupation française et furent massacrés avec plusieurs centaines d'insurgés par les troupes du prince Murat.

Le Dos de Mayo fait face à l'entrée principale de l'édifice tout moderne où sont renfermées les incalculables richesses du Musée Royal. Faire une première visite à ce Louvre de l'Espagne était le but de notre promenade dans les quartiers aristocratiques et déserts qui avoisinent le Prado. Mais un fâcheux contretemps nous le fit manquer : on ne ferme que deux jours par an le Musée Royal et ces deux jours sont précisément le jeudi et le vendredi saints ! Rien, pas même le magique pouvoir de la peseta, ne réussit à fléchir la consigne des gardiens qui, dans leurs uniformes galonnés, veillaient stoïquement devant des portes closes.

Désappointés, nous essayâmes d'un musée d'artillerie voisin ; mais il était encore plus fermé que le premier. Décidément le vendredi saint à Madrid ressemble trop à un dimanche à Londres.

Une visite faite à l'aimable chancelier de l'ambassade française, M. C..., qui nous reçut avec beaucoup de bonne grâce dans le joli hôtel de notre ambassadeur, nous confirma dans la certitude que nous ne trouverions pas la moindre collection publique ou privée ouverte à pareil jour.

La rue nous restait, mais nous en avions déjà beaucoup usé depuis le matin et la fatigue commençait à se mettre à la remorque. Aussi, après avoir vu la « Puerta d'Alcala », triple arcade blanche ornée de colonnes et de trophées, et traversé une partie des jardins publics où les commis en vacances canotaient gauchement devant les badauds, nous rentrâmes à l'hôtel, ne sachant trop quel usage faire des deux ou trois heures qui nous séparaient encore du dîner.

Un spectacle inattendu vint fort à propos nous retenir longtemps accoudés au balcon de nos chambres. La Puerta del Sol fourmillait à nos pieds avec un bruit extraordinaire ; vue de haut, la foule n'y formait plus qu'une seule masse ondulante de corps et de têtes. Ces milliers d'individus se pressaient ainsi sur leur place de prédilection pour assister au passage d'une grande procession religieuse. De nos fenêtres, nous vîmes défiler le cortège ; mais venant de la Calle de Arenal pour entrer dans la Calle Mayor, il ne fit que traverser l'une des extrémités de la Puerta del Sol, un peu trop loin pour nous permettre d'en bien distinguer tous les détails.

Un piquet de gendarmerie à cheval marchait en tête et creusait péniblement un sillon dans l'épaisse masse humaine qui avait tout envahi. La procession, très solennelle, comprenait des groupes de pénitents de diverses couleurs, des collèges d'enfants, des bannières, des insignes, et, comme à Lisbonne, des scènes de la Passion avec statues coloriées et habillées. Puis venaient des corps constitués, des officiers, la musique militaire et tout un régiment en armes.

A l'exception de quelques spectacles de ce genre,

Madrid cependant ne semblait pas devoir nous offrir de grandes distractions, jusqu'à ce que le jour de Pâques lui eût rendu ses musées, ses monuments publics, ses voitures, une vitalité plus générale et moins religieuse. Aussi résolûmes-nous de lui fausser compagnie le lendemain et de consacrer à Tolède la journée du samedi-saint.

XII.

TOLÈDE.

Le départ se fit à la première heure par la gare de « las Delicias ». Rien autour de Madrid n'annonce les abords d'une capitale. La ville n'a pas de faubourgs ; elle s'arrête brusquement, et au-delà des dernières maisons, ce sont les navrantes plaines espagnoles qui commencent, nues, désertes, ravagées tour à tour par le vent et la chaleur, sans un arbre, sans un buisson. Et de tous côtés, il en est de même à perte de vue. A peine remarque-t-on, de loin en loin, quelques misérables villages terreux, d'un aspect morne et abandonné, de la même teinte que le sol, taches presque invisibles sur la fauve aridité du paysage.

Au bout de trois heures, le train vous dépose à Tolède, et comme la gare est hors de la ville, un omnibus se charge de vous y conduire.

Rien n'est beau comme cette arrivée. Le Tage, tourmenté par d'anciens barrages, par des moulins en ruine, roule ses flots jaunis, avec le bruit d'un torrent, au fond d'une crevasse de granit. Il fait une grande boucle, et entoure de cette fente abrupte creusée par lui dans la montagne, la ville entière. Celle-ci, élevée sur un plateau bossué, y déroule dans une perspective fantastique le panorama de ses tours, de ses vieux palais, de ses pans de murailles ruinées. Le vénérable pont d'Alcantara franchit la fissure ; du côté de la campagne, il est fermé par un arc à colonnes du temps de Charles-Quint, et à l'extrémité opposée par une tour octogonale crénelée, beaucoup plus ancienne, percée d'une porte en ogive. Il faut encore passer sous une autre porte des vieilles fortifications du moyen-âge avant de pénétrer dans la ville.

Ayant grimpé au grand galop des chevaux les pentes raides qui y conduisent, l'omnibus traversa la place marchande de Tolède, petit carrefour irrégulier, bordé de galeries basses ; puis il nous déposa à l'Hôtel Lino.

Nous y venions chercher un guide nommé Manuel Pueyo, qui nous était recommandé. Aussitôt son identité reconnue, nous nous mîmes en route sous sa direction, ne voulant pas perdre une seconde des trop courtes heures que nous pouvions consacrer à cette ville extraordinaire.

Le premier monument auquel Pueyo nous conduisit fut l'ancien couvent de Santa-Cruz, alors occupé par l'École militaire d'infanterie. Celle-ci renferme six cents élèves, dont l'uniforme se rapproche beaucoup de celui de nos officiers d'infanterie. On y reste trois ans, et les jeunes gens y sont admis de quatorze à dix-huit ans. On le voit, cette limite d'âge est bien moins reculée que la nôtre ; aussi beaucoup de ces saint-cyriens de la Castille n'ont-ils guère que la taille et l'apparence des élèves de troisième ou de seconde de nos collèges ; mais ils portent tous avec élégance leurs uniformes d'officiers, et comme le chômage obligé de la semaine-sainte avait interrompu leurs études, ils se promenaient aux environs de l'École, en donnant au quartier une animation pittoresque.

Dans aucun pays du monde, le monachisme n'a été aussi développé qu'en Espagne pendant les siècles passés. Aussi les moindres villes comptent-elles aujourd'hui par douzaines leurs anciens couvents, qu'on reconnaît encore, au milieu des adaptations les plus diverses, à quelques détails d'architecture intérieure. Ainsi Santa-Cruz possède un vieux portail et une cour dont les galeries sont richement plafonnées de bois. On nous fit entrer dans la grande nef de l'ancienne chapelle ; elle sert de chambrée aux soldats de cavalerie qui font le service de l'École ; les murs en sont nus et plâtrés, mais le plafond, une mosaïque en bois de mélèze, en est encore fort beau par ses grands dessins géométriques inspirés de l'art moresque.

L'École militaire occupe d'ordinaire un monument plus digne d'elle que ce vieux monastère fort insuffisant ; c'est l'Alcazar, magnifique palais toscan que Charles-Quint fit élever au point culminant de la ville, sur l'emplacement de l'ancien Alcazar more. Mais au mois de janvier 1887, un incendie consuma le palais impérial, ne laissant debout que les murailles, et l'École militaire a dû chercher ailleurs un refuge provisoire, tandis qu'on travaille à reconstruire son Alcazar. Ce palais semble d'ailleurs prédestiné aux flammes : quatre fois, dit-on, elles l'ont dévoré depuis Charles-Quint. Du haut des terrasses qui l'entourent, transformées en chantiers lors de notre visite, la vue est magnifique ; elle embrasse le Tage et son ravin rocheux, et les hauteurs de l'autre rive que couronnent les ruines d'un château-fort arabe, isolées au milieu des espaces incultes.

Nous descendîmes du plateau de l'Alcazar par des rues extraordinaires. Mettez un crayon dans la main d'un tout petit enfant : sa fantaisie maladroite tracera sur le papier des zigzags moins étranges que le plan des rues de Tolède, justement comparées aux sillons tracés par les vers dans le bois mort. Les pentes, les largeurs, les directions, tout varie en elles, et l'antiquité des constructions qui bordent ces vermiculages y produit les aspects les plus curieux que nous ayons rencontrés.

Le souvenir des Mores est sensible à chaque pas. Mystérieuses comme des harems, les maisons ont des portes plusieurs fois séculaires, bardées de bandes de fer et constellées de clous énormes, dont les têtes rouillées conservent les traces de ciselures artistiques. Dans des coins silencieux, le plâtre gratté d'un pan de muraille met à jour le stuc fouillé des arabesques. De petites fenêtres hautes et rares sont fermées par de vieilles ferronneries impénétrables, de formes singulières. Par les portes entr'ouvertes et dans les petits patios déserts tout pleins de verdure, on entrevoit des bouts de plafond en mosaïque de bois, qui reproduisent toujours les mêmes grandes étoiles entrelacées

Au-dessus de ces étroits boyaux pavés de cailloux anguleux, les toitures se rejoignent presque, pour maintenir l'ombre et la fraîcheur et montrer les poutrelles ouvragées de leurs corniches en saillie.

Mais dans cette ville étrange, le caractère gothique est marqué tout autant. A chaque instant se dresse le portail d'un ancien palais ; partout des écussons frustes, des traces de splendeur féodale. Entre cent autres, nous avons surtout remarqué la porte ogivale et très ornée de l'ancienne prison de la Sainte-Hermandad, devenue aujourd'hui une posada, une de ces antiques auberges d'Espagne, où les poules, les ânes et les voyageurs sont hébergés pêle-mêle sur la terre battue de la même salle.

Tandis que nous parcourions ces vieilles ruelles si curieuses, tout semblait endormi sous la calme et cuisante chaleur de midi ; le soleil éclatant embrasait un ciel d'Afrique et forçait les habitants à la sieste ; pas un être vivant ne se montrait à nous. Notre imagination, facilement mise en éveil par le cadre qui nous entourait, nous plaçait vraiment une ville morte sous les yeux, une sorte de Pompéi du moyen-âge, délaissée par des populations disparues.

Seule parmi toutes ses sœurs d'Espagne, Tolède eut autrefois des Juifs. Tandis que partout ailleurs les fils d'Israël étaient traqués ou brûlés sur les places publiques, ceux qui résidaient à Tolède imaginèrent une légende ingénieuse pour qu'on les laissât vivre en paix. Ils alléguèrent que, lors du procès de Jésus-Christ, le Sanhédrin de Jérusalem avait envoyé consulter toutes les tribus, et que seuls leurs ancêtres, les Juifs de Tolède, avaient voté pour l'acquittement du Juste ; que dès lors ils n'étaient pas responsables de sa passion et de sa mort, et ne méritaient pas comme leurs confrères l'exécration universelle.

Ce raisonnement fut trouvé excellent pendant quelques siècles, jusqu'au jour où, manquant de biens à confisquer et de relaps à brûler vifs, un prince quelconque se souvint des Juifs de Tolède, et à leur tour les supprima d'un trait de plume, non sans grand profit probablement pour sa cassette particulière. Mais grâce à la tolérance dont ils avaient longtemps joui, les Israélites avaient pu élever à Tolède les deux seules synagogues qui aient jamais souillé le sol d'Espagne.

L'une d'elles fut construite par le fameux Samuel Lévi, trésorier de Pierre le Cruel. Elle est pour le style de la dernière époque arabe. Dans le haut de l'unique nef, on aperçoit une série de petites fenêtres d'une forme gracieuse, fermées de treillis épais et de dessins compliqués. A l'origine, les murailles étaient entièrement recouvertes d'arabesques de stuc, d'une finesse comparable à celles de l'Alcazar de Séville qui sont de la même époque. Mais lors de la suppression des Juifs, la synagogue fut donnée aux Chevaliers de Calatrava ; et ces intelligents propriétaires trouvèrent de bon goût d'anéantir à jamais, sous un épais enduit de plâtre, la fine guipure qui garnissait leur nouvelle chapelle. Aujourd'hui, on tente de la dégager ; en quelques endroits les arabesques commencent à reparaître : mais malgré l'importance des échafaudages dressés de toutes parts, et qui cachent le plafond que l'on dit fort précieux, les travaux de restauration sont poussés avec la sage lenteur qu'apporte en toute chose l'incurie espagnole ; et il paraît que des semestres entiers s'écoulent sans qu'aucun ouvrier vienne mettre la main à la besogne.

L'autre synagogue, qui se cache à tous les yeux au milieu de constructions insignifiantes, est devenue au début du XVe siècle la chapelle de Santa-Maria la Blanca. Elle doit son nom à la parfaite blancheur du plâtre nu qui recouvre ses murailles et ses piliers polygonaux. Ces piliers trapus, au nombre de vingt-huit, formant cinq nefs, sont terminés par des chapiteaux massifs, et soutiennent de gracieux arceaux moresques évidés en fer à cheval. Au-dessus des arcades courent des frises pleines d'ornements délicats, et entre chacune d'elles est ciselée une petite rosace. Les enfilades d'arceaux entrevues en tous sens rappellent, dans des dimensions plus modestes bien entendu, les perspectives de la grande mosquée de Cordoue.

Non loin de là, notre guide nous fit entrer dans un petit atelier où l'on damasquine finement l'acier trempé dans le Tage. On y offre aux étrangers de passage des ciseaux, des canifs, des dagues artistiques, des lames d'épées. Les eaux du Tage ont conservé, dit-on, les propriétés spéciales qui firent autrefois de l'acier de Tolède le plus réputé du monde. Aujourd'hui encore, toutes les armes blanches d'Espagne sont fabriquées à Tolède, et soumises à cette trempe célèbre. On aperçoit au loin dans la campagne les bâtiments de l'usine royale, élevés sur les bords du fleuve en aval de la ville.

Un des plus beaux monuments religieux de Tolède est « San Juan de los Reyes, » ou Saint-Jean des Rois. Conçue dans le style gothique le plus voisin de la Renaissance, cette église fut élevée par Ferdinand et Isabelle, et certes, ils ont pris assez de précautions pour que personne ne l'ignore. Dans toute l'ornementation de ce temple, consacré plus à leur gloire qu'à celle de Dieu, il n'est question que des deux Rois Catholiques. Les sculptures du portail s'enroulent autour de leurs futiles emblèmes, le joug de Ferdinand, le faisceau de flèches d'Isabelle. Leurs initiales gothiques sont partout répétées, et notamment sur les jolies balustrades de pierre qui ferment deux hautes tribunes latérales placées dans l'église au croisement du transept. Enfin les murailles sont tapissées de leurs armoiries en relief : l'aigle à une tête, les ailes déployées, tenant, entre ses serres, le grand écu compliqué et surchargé où se combinent les armes de Léon, de Castille, d'Aragon, etc.

Saint-Jean des Rois fut fondé pour rappeler la ruine définitive de l'empire arabe. Aussi la tradition assure-t-elle que les chaînes nombreuses que l'on aperçoit à l'extérieur suspendues aux murailles de l'édifice, sont celles que portaient les captifs chrétiens en 1492, et qu'ils vinrent après leur délivrance consacrer en manière d'ex-voto.

Le cloître est attenant à l'église ; la finesse des sculptures en est inimaginable. Des rangs de statues ornent les piliers, et d'adorables guirlandes de feuillage, variées à l'infini, ployées, légères, vivantes, courent le long des ogives. On lit dans les souvenirs de Théophile Gautier que, à l'époque où il visita Tolède, c'est-à-dire en 1840, Saint-Jean des Rois était dans un état navrant d'abandon et de ruine. Le cloître si beau porte en effet les traces de mutilations nombreuses ; il cache dans plus d'une encoignure des amas de statues décapitées; mais aujourd'hui il est réparé activement et avec goût. On a d'ailleurs si bien saisi l'importance artistique d'un pareil monument que, sur l'emplacement du couvent disparu, contre l'église et le cloître, on construit une École des Beaux-Arts.

Saint-Jean des Rois, placé à la limite du plateau de Tolède, a pour environs des terrains sauvages et pleins de ruines, d'où l'on domine le Tage. Jusqu'au fleuve, les débris informes et dix fois séculaires d'un palais goth couvrent les rochers qui sont cependant presque à pic. Non loin de là, l'antique pont Saint-Martin passe d'une rive à l'autre, encore défendu aux deux têtes par des tours arabes. Un peu plus bas l'on aperçoit les traces des piles et des ouvrages de défense d'un autre pont plus ancien encore et depuis longtemps écroulé.

Le point de la rive que nous avions à nos pieds et qu'encadrent ces débris si imposants, était l'endroit historique appelé « los Baños de la Cava ». C'est là que le dernier roi goth, Roderic, venait, selon la légende, surprendre au bain la belle Florinde et ses compagnes. Florinde fut séduite, et son père, le comte Julien, pour se venger, appela en Espagne les Mores d'Afrique qui devaient y régner plus de sept siècles.

Le côté nord de Tolède, que le Tage ne borne plus, porte encore des restes imposants des murailles d'enceinte élevées par les Mores au IXe siècle, et qui hérissent de tours arrondies l'escarpement des rochers avec lesquels ils se confondent. Plus haut même et proche des premières maisons, on distingue encore un fragment des fortifications élevées par les Goths du VIe siècle. De ce côté la vue s'étend hors de la ville sur une belle plaine où le Tage, sorti de sa crevasse, s'éloigne paisiblement.

Enfin, comme si Tolède voulait à jamais garder l'empreinte de tous les peuples qui l'un après l'autre y dominèrent, on nous montra au loin dans la plaine les vestiges (peu sensibles d'ailleurs) d'un cirque romain.

Ce côté des anciens remparts que nous longeâmes jusqu'au bout, est percé de plusieurs portes. Toutes ont leur cachet, principalement la « Puerta de la Visagra » qui date de Charles-Quint et de Philippe II; et bien au-dessus d'elle encore, la « Puerta del Sol » qui nous frappa singulièrement. Belle, droite, altière sous ses créneaux, elle est, malgré son antiquité, dans un état de conservation parfaite. Le temps ne semble même pas l'avoir effleurée. Un arc moresque s'y dessine avec une grâce sans égale. C'est un vrai joyau. De même que les Tours Vermeilles, l'Alhambra et la

Giralda, le soleil l'a dorée comme d'un hâle. Quelle chaleur de tons il sait répandre sur tous les monuments, ce magicien de l'Espagne! Comme il met en valeur ces murs roussis, ces tours, ces vieux palais! Comme il fait ressortir, sous sa lumière aveuglante, dans la pure atmosphère qu'aucune brume ne tamise, les pierres des moindres débris, les détails des plus fines sculptures!

Poursuivant par degrés notre visite de Tolède, nous l'avons terminée par la cathédrale, l'une des plus célèbres de l'Espagne, la première par l'ancienneté, la première par les richesses, la première aussi par les honneurs, car elle a rang d'église primatiale.

L'édifice n'est à peu près dégagé que d'un côté, qui donne sur une petite place irrégulière, plantée, et assez riante, celle de l'Ayuntamiento. C'est là que s'ouvre le portail principal, sous une façade gothique de toute beauté. Sur le côté se dresse une tour trop massive pour sa hauteur; il est visible qu'elle devait être plus élevée et qu'on l'a interrompue par un couronnement mal fait à sa taille.

Le cloître, en contrebas de la rue, est extrêmement vaste. De grandes fresques couvrent une partie des murailles, et font face aux arcades ouvertes sur la cour intérieure. Elles représentent la vie et le martyre de saint Eugène, premier évêque de Tolède, sous

Dioclétien, et l'histoire d'une jeune princesse arabe, mise à mort pour avoir témoigné quelque pitié aux prisonniers chrétiens.

La cathédrale même a cinq nefs, longues, d'après les guides, de cent quinze mètres, larges de soixante, hautes de quarante-six. On dit que le nombre des fenêtres est de sept cent cinquante ; toutes sont ornées de riches vitraux.

La « capilla mayor » dépasse en magnificence tout ce que nous avions vu jusque-là. Le retable en est immense : il s'élève jusqu'au sommet même de la voûte, et est formé d'une infinité de compartiments où le bois de mélèze sculpté et colorié reproduit en relief des scènes de l'Ecriture Sainte. Sur les côtés, la capilla est close par des corps de sculpture en marbre, finissant en clochetons, et plus fouillés, plus ajourés que les plus fines dentelles.

Presque tout le côté de l'Évangile est occupé par le tombeau du cardinal Mendoza, œuvre colossale, tout entière en albâtre, où les statues fourmillent, où les ornements gothiques se tourmentent et s'épanouissent dans les efflorescences gracieuses où se complaisait l'art de la fin du XVe siècle. Devant ce mausolée fastueux qui ferait à lui seul la richesse d'une église, comme devant les autres tombes de cardinaux disséminées dans le reste de la cathédrale, on a suspendu à la voûte, par une mince ficelle, le chapeau écarlate que portait le défunt. Rien n'est laid comme de voir ces débris de pourpre se balancer dans le vide, couverts de plusieurs siècles de poussière.

Le coro qui occupe le milieu de la cathédrale est fermé, en face du maître-autel, par une très haute grille d'un travail merveilleux. Les boiseries de la silleria occupent les trois côtés. Elles sont aussi parmi les plus belles qu'on puisse voir et rappellent celles de Cordoue. On frémit en songeant à la somme de talent et de patience qu'il a fallu dépenser pour buriner dans le chêne ou le noyer ces milliers de monstres accroupis, ces torsades, ces moulures, ces supports, ces bas-reliefs dont les personnages, multipliés à l'infini, ont tous le modelé, l'expression et l'élégance de la vie même.

La silleria est Renaissance. Il y a trois rangs de stalles, et les dômes qui surmontent celles de la rangée supérieure sont soutenus par des colonnettes de jaspe. Comme toujours, le milieu du coro est occupé par des lutrins énormes, couverts de missels de parchemin enluminés, si gros, si massifs, qu'un homme parvient à peine à les faire manœuvrer. Enfin deux orgues très belles sont placées au-dessus des deux côtés de la silleria, se faisant face; et comme toutes les orgues d'Espagne, elles ont des batteries de tuyaux qui s'ouvrent horizontalement en éventail.

Aussitôt que nous eûmes visité et admiré de tous nos yeux ce coro si riche, il fut envahi par un chapitre de chanoines et une maîtrise de chantres en surplis, qui venaient y chanter vêpres. L'office commença. Tout en modulant les chants liturgiques, les enfants de chœur couraient comme des furets entre les bancs de la silleria, ou faisaient de la gymnastique sur les dossiers des stalles ; quelques-uns qui étaient montés dans la tribune des orgues, jouaient à cache-cache autour des puissants instruments.

Mais si peu convenable que fût la gaîté de tous ces gamins, elle était bien modérée auprès de celle de l'organiste ! Je ne sais si c'était le terme du carême, la vigile de Pâques, l'ivresse du premier alleluia qui le mettait en si belle humeur ; mais cet artiste invisible donnait un libre cours à ses réminiscences musicales les plus joyeuses, et, entre chaque verset de psaume, ouvrant tous les jeux, donnant de toutes les pédales, il attaquait avec brio les airs de valse les plus enlevants, les motifs d'opérettes les plus comiques, passant de Strauss à Métra, et d'Offenbach à Lecocq. Vraiment, je n'eusse jamais pensé entendre la *Grande Duchesse* sur l'orgue, ni le *Beau Danube bleu* à vêpres !

Mais laissons cet organiste fantaisiste à l'expansion de sa gaîté et continuons notre visite.

Le pourtour externe de la « capilla mayor » est aussi beau que l'intérieur. Les sculptures y sont prodiguées avec un art inimaginable. Derrière le retable du maître-autel se dresse une œuvre extraordinaire, un entassement confus de marbres, de bronzes, de volutes, de rayons, de nuées, d'anges prenant leur vol. Au premier abord, il est impossible de démêler quoi que ce soit dans ce pêle-mêle aérien. Puis peu à peu se détachent des ailes d'anges, des têtes célestes, des corps penchés et roulés dans les nuages comme par des vagues. Enfin l'œil, à une certaine hauteur, s'arrête émerveillé sur un groupe en marbre blanc, dont les personnages, de grandeur naturelle et tout entiers en relief, représentent le Christ et ses douze apôtres à la sainte Cène.

Comme toutes les églises d'Espagne, la cathédrale de Tolède renferme beaucoup de tombeaux, une quantité de chapelles particulières grillées, toutes différentes, et une fresque grossière, haute de dix mètres au moins, où saint Christophe, le géant passeur d'eau, porte l'Enfant Jésus sur ses épaules.

L'une de ces chapelles mérite une mention. Carrée, close de toutes parts, ornée d'une vieille fresque gothique qui figure une bataille, et d'une riche mosaïque romaine placée au-dessus de l'autel, elle est désignée sous le nom de Chapelle Mosarabe. Elle a un clergé distinct, et chaque jour on y récite les offices suivant un rite tout différent du rite grégorien. Cette liturgie spéciale doit son nom de mosarabe à ce qu'elle fut de tout temps celle des Chrétiens de Tolède, auxquels les Arabes, par capitulation, avaient laissé le libre exercice de leur religion (1). Lorsque, au moyen-âge, la ville fut reprise aux Mores, on voulut faire abandonner aux Tolédans leur rite vieilli, mais ceux-ci résistèrent avec tant de fermeté que les traditions qui leur étaient chères ont été respectées, et que le rite mosarabe n'a pas encore disparu aujourd'hui.

La fondation et la gloire de la cathédrale de Tolède se rattachent à un miracle que la sculpture et la peinture y reproduisent en maint endroit. L'histoire locale affirme que la Sainte Vierge est apparue à saint

(1) « Sa Majesté ouÿt une fois en sa chapelle une messe mosarabe qu'on appelle ainsi parce que c'est l'ancienne qui se disoit aux Chrestiens d'Espagne quand ils furent meslés parmy les Arabes, et s'appelloyent Mixtarabes, d'où est venu le mot mosarabe. » (*Histoire de la vie et mort de Madame Marguerite d'Autriche, reyne d'Espagne*, escrite en espagnol par Jacques de Gusman, et traduicte par M. René Gautier, conseiller d'Estat. A Lille, de l'imprimerie de Pierre de Rache, *A la Bible d'or*, MDCXXI.)

Ildefonse, évêque de Tolède, et lui a, de ses propres mains, déposé sur ses épaules une chasuble « en étoffe céleste ». A l'endroit même où le miracle aurait eu lieu, on a élevé dans la cathédrale un monument et un autel, dont le retable, en forme de médaillon, représente la céleste apparition. Dans la base de marbre du monument, on a enchâssé derrière un grillage une pierre qui conserve l'empreinte du pied de la Vierge, et que les fidèles viennent toucher du bout du doigt avec une respectueuse dévotion.

Parmi les annexes de la cathédrale, on nous ouvrit encore la chapelle de Santiago, richement décorée, qui renferme les beaux tombeaux de marbre blanc, un peu mutilés, du connétable Alvaro de Luna et de sa femme. Non loin de là, on nous montra, peint à fresque sur une voûte, le portrait équestre d'un seigneur du moyen-âge ; d'après la légende, l'orgueil de ce guerrier se révoltait à l'idée que son cadavre pût être un jour foulé aux pieds par des manants, et il obtint qu'après sa mort, on le murât dans l'épaisseur de cette voûte.

La salle capitulaire est tapissée des portraits de tous les archevêques de Tolède. Le plafond de bois doré et sculpté en est magnifique. — La grande sacristie, qui forme une vaste chapelle, est d'un aspect assez triste. Des fresques en ornent les voûtes et reproduisent, mais dans des proportions inusitées, le miracle de la Vierge descendant vers saint Ildefonse, au milieu des anges.

Dans les armoires secrètes de ses autres dépendances et sacristies, la cathédrale de Tolède renferme des richesses immenses pieusement amassées par les âges de foi ardente ; des tapisseries anciennes, assez nombreuses pour qu'on en couvre l'église entière aux jours des grandes processions ; une châsse en argent doré, haute de cinq mètres, qu'on mit un siècle à ciseler ; et les vêtements des statues de la Vierge et de l'Enfant Jésus, manteaux inouïs dont l'étoffe d'or a disparu sous une couche éblouissante de perles et de diamants, au nombre de plusieurs centaines de mille ! Mais ces trésors ont trop de prix pour qu'on en laisse librement la vue aux visiteurs. Les jours sont rares où l'on entr'ouvre les armoires de fer qui les défendent, et dont six chanoines, les principaux du chapitre, détiennent séparément les six clefs différentes. Nous ne sommes malheureusement pas tombés sur un de ces jours, et l'on n'a rien pu nous montrer. Force nous a été de nous contenter des descriptions magiques qu'en ont laissées les voyageurs plus heureux que nous.

Quoique privés de ce dernier surcroît, nous étions grisés de merveilles lorsque l'heure du départ nous engagea sur le chemin de la gare et nous éloigna de cette ville incomparable, sur laquelle bien des volumes pourraient être écrits sans réussir encore à en détailler les curiosités sans nombre, ni à relever tous les vestiges de ses anciens âges de prospérité.

XIII.

MADRID ET LES COURSES DE TAUREAUX.

Le dimanche 21 avril, la solennité du jour de Pâques remit Madrid en joie. Les folles envolées des cloches donnaient à l'air des vibrations de fête. On respirait du soleil, et la ville s'éveillait au plaisir dans un frémissement printanier.

A peine engagés parmi la foule qui remplissait les rues et se rendait aux églises, nous eûmes l'agréable surprise de saluer des visages connus, M. et Mme A. D..., arrivés d'Andalousie le matin même. Ils venaient de passer huit jours à Séville et s'y étaient fort ennuyés : le temps ne les avait pas favorisés ; beaucoup de monuments et d'œuvres d'art n'étaient pas visibles pendant la semaine-sainte ; les fameuses processions leur avaient paru de pures mascarades ; bref, ils avaient trouvé Séville inhabitable par un tel concours d'étrangers et en rapportaient les moins attrayants souvenirs. Quelle différence avec les nôtres !

Comme nous revenions de la cathédrale, eux-mêmes sortaient du palais royal où ils avaient vu la Reine et toute sa cour se rendre en cortège à la messe. Ils nous conseillèrent vivement d'y aller aussi, ce que nous fîmes sur-le-champ. Les portes du palais sont ouvertes à pareil jour ; on y pénètre librement ; il y avait donc grande affluence dans la galerie du premier étage et dans la chapelle.

Cette chapelle est très luxueuse ; les murailles et les voûtes en sont couvertes de dorures et de peintures dignes d'orner un sanctuaire royal. Le légat du Saint-Siège célébrait la messe en grande pompe ; des chœurs et un orchestre symphonique faisaient entendre d'excellente musique religieuse. Par dessus les têtes de la foule, nous apercevions S. M. la Reine-Régente, Marie-Christine, qui priait sous un dais surélevé fait de vieilles étoffes brodées aux armes d'Espagne. Le dais recouvrait deux sièges : l'un des deux était vide... Et l'on ne pouvait se défendre d'une grande pitié pour le deuil de cette jeune reine, dont on sentait, dont on voyait pour ainsi dire la solitude sur la périlleuse élévation du trône.

Toute la cour se pressait dans le reste de la chapelle. Lorsque la messe fut dite, elle défila lentement dans les galeries. De chaque côté, les spectateurs étaient maintenus par une double haie de gardes du corps. Ces hommes magnifiques portaient la culotte de daim, les longues guêtres de drap noir montant au-dessus du genou, l'habit bleu à parements et grands revers écarlates, les gantelets mousquetaires, le tricorne bas et galonné ; ils tenaient de la main droite une hallebarde damasquinée comme la garde d'acier de leur épée.

Entre ces deux files, des suisses et le clergé aspergeant le sol d'eau bénite ouvraient le cortège. Puis venaient tous les Grands d'Espagne, descendants de tant de familles illustres, les uns tout jeunes encore, les autres déjà blanchis et voûtés. Ils portaient leur costume de cour, une sorte d'habit d'académicien, entièrement brodé de palmes d'or. Les crachats de diamants, les croix, les grands cordons d'Isabelle-la-Catholique, de la Conception et des autres ordres d'Espagne constellaient leurs poitrines. A leur suite, venaient des généraux, des aides-de-camp, les grands dignitaires de la couronne, portant les insignes de leur charge, chambellans, grands-écuyers, toute une foule enfin parée des plus brillants uniformes.

Puis, à quelques pas en arrière, S. M. la Reine-Régente, vêtue de noir, s'avançait avec lenteur, promenant son regard sur les assistants rangés à deux pas d'elle, et répondant à leurs saluts profonds par une inclinaison de la tête à peine dessinée. Quelques brillants posés en diadème retenaient dans ses cheveux la mantille légère. L'expression de ses traits était sérieuse et comme voilée de mélancolie.

Après elle, venaient six dames d'honneur. Ah ! les horribles duchesses ! Grosses, barbues et couperosées, elles étaient affublées de mantilles blanches, de bijoux énormes, de longues robes à grands ramages dans les nuances les plus criardes. Des figurantes d'opéra-comique n'eussent été ni plus laides ni plus ridicules. Enfin, la musique des gardes du corps et le peloton des hallebardiers qui se repliaient au fur et à mesure, fermaient la marche.

Mais tout cela réussissait à peine à distraire notre curiosité, dont l'impatience hâtait l'arrivée d'un autre spectacle, je veux parler des courses de taureaux. Elles commencent chaque année le jour de Pâques pour finir vers le mois d'octobre. C'était donc à la course d'ouverture de la saison que nous allions assister.

La fureur des Espagnols pour ce jeu sanglant ne peut se décrire ; il faut en avoir vu la manifestation pour se la représenter. Bien que la course fût annoncée pour quatre heures, et qu'il n'en fût pas encore trois, un fleuve humain, houleux et bruyant, débouchait de la Calle de Alcala et roulait vers la porte du même nom, dans les avenues qui la prolongent et qui conduisent à la « Plaza de Toros ». Des voitures de toutes formes, des véhicules impraticables, des tramways découverts, des omnibus vacillants et remplis comme les tapissières au Bois de Boulogne les jours de Grand-Prix, couraient au triple galop dans la même direction, avec un fracas de cris, de coups de fouet et de grelots, pour redescendre ensuite, charger à nouveau, et repartir encore plus vite, avec l'espoir de faire un troisième et un quatrième voyages.

Tout ce peuple était gai ; on n'entendait que rires et chansons. Les hommes, grands et forts, fumaient avec volupté leurs énormes « puros » noirâtres. Beaucoup de femmes, sans mantille ni foulard sur la tête, s'enveloppaient dans de longs châles légers de crêpe de Chine, brodés de fleurs, d'oiseaux et de chinoiseries des couleurs les plus vives. Tous marchaient vite, malgré l'accablant soleil ; l'attrait du plaisir les fascinait. Ils se rafraîchissaient en mangeant des oranges, ou buvaient, en passant, de grands verres d'eau pure vendus par les « aguadores ».

La Plaza de Toros de Madrid est un immense cirque dont la façade est en briques et dont les galeries extérieures sont formées d'arcades moresques. Ces vastes galeries, ouvrant par des issues nombreuses sur les gradins des spectateurs, facilitent la circulation des foules. L'intérieur du cirque est à ciel ouvert, et l'arène, bien sablée, n'a pas moins de soixante mètres de diamètre.

Les places sont de plusieurs catégories. Celles de « tendido » comprennent un grand nombre de gradins de pierre, qui s'élèvent des bords de l'arène jusqu'à une certaine hauteur ; les rangs inférieurs sont les plus recherchés par les amateurs passionnés qu'on nomme « aficionados », les dilettantes de ce genre de sport.

Les places de « grada » viennent ensuite ; ce sont les plus coûteuses. Elles forment une galerie couverte renfermant six ou sept gradins.

Enfin, celles d' « andanada » occupent une galerie analogue et supérieure, qu'elles partagent avec les loges particulières ou « palcos », notamment avec la loge royale fermée par un balcon vitré, et la loge de l'Ayuntamiento ou de la Municipalité, du haut de laquelle l'alcade ou son représentant est censé diriger le combat.

Ces places se paient plus ou moins cher suivant

l'ordre du gradin, bien que le cirque soit construit de telle sorte que de partout l'œil embrasse également bien l'arène tout entière. Mais les prix se règlent aussi sur une autre distinction : ils varient parfois du simple au triple, suivant que la place est au soleil ou à l'ombre. La moitié du cirque est, en effet, exposée au plein soleil, et il est juste que le spectateur qui se résigne à rôtir pendant trois heures, sous des feux aussi peu cléments, paie moins cher que son vis-à-vis mieux abrité.

Nous occupions d'excellentes places de « delantera grada-sombra », c'est-à-dire du premier rang des gradas et à l'ombre. Mais nous avions eu quelque peine à les obtenir. Car une industrie spéciale est née des courses de taureaux, celle qui consiste à accaparer plusieurs jours avant la course tous les billets de la Plaza, puis à les revendre en réalisant d'énormes bénéfices.

Une corporation de camelots exerce cet estimable négoce, et l'on ne peut éviter de passer par leurs mains, puisque l'agence officielle des courses n'a plus une seule place à délivrer. Leur siège social est le trottoir de droite à l'entrée de la Calle de Alcala ; c'est là qu'on les trouve tous, offrant aux passants et aux étrangers les billets accaparés. Les places que nous voulions avoir sont cotées régulièrement onze francs ;

or, le premier des malandrins à qui nous nous adressâmes nous en demanda trente. Son voisin baissa jusqu'à vingt-cinq. Les rivalités du métier finirent par nous procurer nos quatre places pour une somme ronde de quatre-vingt-cinq francs, sur lesquels le revendeur en mit par conséquent quarante-et-un dans sa poche. Tels sont les menus profits de cette exploitation en règle !

Mais laissons cela et revenons aux taureaux. Comme l'usage est d'y arriver bien longtemps avant l'heure, on laisse aux spectateurs toute liberté. Ils s'étaient donc répandus dans l'arène où la musique militaire elle-même était installée. Peu à peu, cependant, les gradins se garnirent à mesure que l'heure décisive approchait, et la musique finit par vider la place à son tour pour aller se poster au-dessus de la porte du toril.

Cette foule nous paraissait innombrable. Du haut en bas du cirque immense, pas une place ne restait vide, et nous ne fûmes pas surpris d'apprendre que le nombre s'en montait à dix-sept mille ! Il semblait que la population de la ville entière s'y fût donné rendez-vous ; et pourtant tous les sièges étant numérotés, le plus léger désordre ne s'y produisit pas jusqu'à ce que ces légions eussent trouvé place. Les vives couleurs des toilettes des femmes, les ombrelles, les éventails roses et bleus agités en tous sens, sous un soleil éclatant, tout cela faisait un papillotage qui aveuglait.

Nous contemplions la physionomie extraordinaire du cirque garni de la sorte et échangions nos impressions avec ce léger frisson nerveux que produit l'attente d'une émotion inconnue, lorsque la note aiguë d'un clairon retentit, suivie d'un cri de joie poussé par des milliers de spectateurs. C'était le signal attendu pour le commencement du spectacle.

Deux alguazils montés sur des chevaux remuants firent leur apparition. Ils étaient vêtus comme au XVIe siècle : justaucorps, culotte et court manteau de velours noir ; fraise de dentelle, grand feutre retroussé par un panache multicolore. Leur selle de velours et leurs étriers de fer avaient la forme antique des harnachements arabes. Ayant salué la loge de l'Ayuntamiento, ils firent le tour de l'arène pour simuler l'expulsion des spectateurs qui ne s'y trouvaient plus, sortirent par où ils étaient venus, et reparurent bientôt à la tête de la « cuadrilla » qui faisait son entrée aux sons de la musique et aux applaudissements enthousiastes de la foule.

Au premier rang marchaient trois des plus célèbres espadas de l'Espagne : Rafael Molina, surnommé Lagartijo ; le vieux Sanchez, plus connu sous le nom de Frascuelo, et Rafael Guerra, dit Guerrita. A leur suite, venaient une douzaine de chulos et de banderilleros, six picadors à cheval, et enfin des garçons de toril, en chemise rouge et ceinture jaune, tenant en main les attelages de mules pomponnées, destinés à enlever les cadavres du taureau et des chevaux à la fin de chaque combat.

Les toreros portaient d'étincelants costumes : leurs culottes et leurs vestes courtes, ouvertes sur une chemise blanche, étaient de satin vert, bleu ou rouge, tout brodé d'or, d'argent, de franges, de glands et de paillettes qui miroitaient au soleil. Ils avaient des bas de soie roses, de minces souliers de bal, des chapeaux couverts de passementeries et de fanfreluches noires, et, sur l'épaule, une capa de soie rose ou bleu tendre. Pourtant quelques toreros étaient tout vêtus de noir. On nous expliqua qu'ils appartenaient à une même cuadrilla et qu'ils portaient le deuil d'un des leurs, tué à Séville l'été précédent.

Quant aux picadors, bien campés sur leurs selles à dossier et sur leurs étriers arabes, eux aussi portent une petite veste brodée et pailletée, coupée à la taille ; mais leurs chapeaux de feutre gris ont de larges bords comme les sombreros andalous, et sous leurs pantalons de cuir fauve, des jambards de tôle les prémunissent contre les coups de corne du taureau.

Le brillant cortège traversa la piste, vint saluer l'Ayuntamiento, fit des grâces au public, puis se dispersa, prêt à la lutte, les uns dans l'arène, les autres dans l'étroit couloir circulaire qui en est séparé par une barrière de planches, haute de deux mètres environ. Cette barrière est peinte en rouge et percée d'un certain nombre de doubles portes qui peuvent s'ouvrir dans les deux sens et, par suite, faire communiquer le couloir avec l'arène, ou le diviser alternativement en plusieurs segments séparés. A quarante centimètres du sol, un étroit marchepied peint en blanc fait saillie sur la palissade et permet aux chulos de la franchir d'un seul bond, lorsque le taureau vient à les serrer de trop près.

A un nouveau signal de trompettes, un alguazil à cheval reparut et se tourna avec force saluts vers la loge municipale. Il en tomba presque aussitôt une clef symbolique, ornée de rubans, que l'alguazil s'en fut porter au garçon de toril. Cette formalité figure la permission donnée par l'alcade de commencer le combat. Sa mission remplie, l'alguazil s'enfuit de toute la vitesse de sa monture, spectacle qui a toujours eu le don de réjouir fort les Espagnols et qu'on salue de plaisanteries et d'éclats de rire.

La porte du toril tourna sur ses gonds et un taureau s'élança aussitôt dans l'arène, puis s'arrêta brusquement comme ébloui par la lumière. Il portait, piqués au garrot, deux rubans blancs, couleur de sa « ganaderia », c'est-à-dire de son écurie. Il regardait autour de lui, un peu inquiet, un peu hésitant, se battant les flancs avec sa queue. Au bout de quelques secondes, la présence d'une poignée de chulos munis de capas parut le troubler, et il prit son élan dans cette direction ; mais au même instant ses agiles ennemis avaient disparu derrière la palissade circulaire. Alors, il avisa l'un des deux picadors qui attendaient son attaque, acculés à la même palissade.

Les chevaux que montent les picadors sont de misérables bêtes efflanquées, montrant toutes leurs côtes, bonnes pour l'équarrissage. Pour en obtenir un galop suprême, leurs cavaliers leur labourent les flancs jusqu'au sang avec l'angle aiguisé de leurs étriers de fer ; et des garçons de toril tapent à tour de bras avec des bâtons noueux sur leur croupe décharnée. Et pour accroître encore la pitié que leur seul aspect inspire, ces pauvres squelettes de chevaux sont conduits au supplice les yeux bandés. Leur terrible ennemi leur échappe donc ; ils sentent vaguement sa présence, mais ils ne le voient pas : il ne leur reste même pas la ressource de l'écart ou de la fuite que leur instinct leur suggèrerait, pour se soustraire à l'éventrement.

Lorsque le picador s'aperçoit que le taureau l'a

distingué, il arrête sa monture et pointe sa lance en avant, une longue lance garnie d'un fer très court, de manière à piquer seulement le taureau sans pouvoir le blesser grièvement. L'animal, provoqué par ce geste, prend un brusque élan, arrive tête baissée sous le cheval et, d'un choc terrible, lui enfonce dans le ventre ou le poitrail ses cornes aiguës, que parfois il retire avec peine et rougies jusqu'au front. Le cheval éventré perd ses entrailles. Des flots de sang jaillissent de ses plaies horribles. Il bondit et tourne sur lui-même, affolé par la douleur.

Tantôt la violence du choc a désarçonné le picador, et le cheval libéré court sur trois jambes autour de l'arène, la tête levée avec angoisse, laissant une trace rouge derrière lui, piétinant dans le sable ses propres boyaux qui pendent jusqu'à terre et se dévident. Tantôt il tombe avec son cavalier ; aussitôt une demi-douzaine de chulos, agitant leurs capas, détournent facilement l'attention du taureau, et l'attirent sur un autre point de l'arène. Le picador pris sous son cheval, est retiré par les garçons de toril toujours prêts pour cet office, puis relevé et remis sur pied, car de lui-même il en serait fort empêché par ses jambières de tôle et la lourde armure qui le protège sous ses vêtements.

L'homme debout, les garçons de toril s'attaquent

au pauvre cheval qui se débat, palpite et lance des ruades désespérées dans le vide. On lui tire violemment sur la bride ; on le roue de coups sur le dos et sur la tête. Quand il reste à la malheureuse bête un souffle de vie, elle fait un suprême effort et se relève. Si elle est trop blessée, on l'emmène au « corral » ou écurie, pour la recoudre commodément ; sinon on se contente de boucher aussitôt sa plaie la plus hideuse, avec un tampon d'étoupe enfoncé d'un coup de poing, et sans se préoccuper de quelques viscères qui restent pendants hors du ventre ouvert, le picador, enlevé par deux hommes vigoureux, est remis en selle pour conduire sa monture à un nouvel éventrement.

Lorsque, au contraire, le cheval épuisé, exsangue, reste tout pantelant à terre, ses bourreaux, convaincus qu'on ne peut plus rien en faire, lui arrachent sa selle et sa bride ; puis l'un d'eux, à l'aide d'un petit poignard, l'achève en le frappant à la nuque, et en lui retournant dans le cervelet son arme souvent mal dirigée. Le cheval sursaute dans une dernière convulsion et meurt. Ce n'est plus alors qu'un cadavre plat et triste, qui reste étendu sur le sable jusqu'à la fin de la course, et que parfois, en passant, le taureau vient encore secouer d'un coup de corne.

N'est-ce pas une barbare et repoussante boucherie que cette torture des chevaux ? Elle dépare le spectacle.

Mais les Espagnols y tiennent absolument. Quel en est pourtant l'intérêt? Voir faire aux picadors des chutes terribles, et voir couler à flots le sang des malheureuses bêtes! L'éventrement est moins l'œuvre du taureau que celle des acteurs mêmes de la course; car, je l'ai dit, il n'y a chez les chevaux, ni lutte, ni élan, ni liberté de fuir. On les mène inconscients, les yeux bandés, à d'abominables supplices. Positivement on les place au bout des cornes de leur ennemi, qui n'a plus qu'un coup de tête à donner pour défoncer leur maigre carcasse et mettre leurs entrailles à nu.

Pendant ce carnage, les garçons de toril font leur service avec une complète sécurité. Ils vont, viennent, relèvent ou achèvent les chevaux, emportent les harnachements, et vident des corbeilles de sable sur les taches de sang dont le sol est couvert. Aucun d'eux ne paraît se préoccuper du taureau, que les chulos distraient et agacent loin de là.

Lorsque deux ou trois chevaux jonchent le sol, et que quelques autres moins atteints ont pu se traîner jusqu'au corral pour être remis en état, les trompettes donnent un signal, et les picadors quittent l'arène pour faire place au jeu des « banderillas ». Ce sont des baguettes de bois, ornées de rubans et de frisures, et terminées par un fer de deux pouces, très aigu et barbelé, de telle sorte qu'une fois piqué il ne puisse plus se détacher.

Le banderillero (ainsi se nomme le torero chargé de poser les banderillas) en tient une dans chaque main. Il s'avance vers le centre de l'arène, et levant les bras en l'air, cherche à attirer l'attention du taureau, que les chulos en agitant leurs capas dirigent de son côté. Dès que le taureau l'aperçoit, il fond sur lui tête baissée ; mais au moment où on le croit touché par l'animal, le banderillero, d'un mouvement rapide comme l'éclair, passe les bras au-dessus de ses cornes terribles, lui plante vigoureusement ses deux flèches de chaque côté du garrot, puis fait un bond de côté pour laisser passer la massive bête emportée par son élan.

Le taureau, ainsi piqué de dards aigus qui s'attachent à sa chair et retombent de chaque côté de l'échine, lève la tête, secoue son dos blessé, et fait quelques bonds furieux. De larges filets de sang tachent sa robe et se mêlent à ceux que les coups de lance des picadors y ont laissés.

C'est souvent à ce moment que la colère et la férocité du taureau cessent pour faire place à la douleur et à la crainte. Le puissant animal se sent faible autour de cette nuée d'ennemis malfaisants ; la fatigue commence à se montrer dans ses mouvements plus lourds ; il n'attaque plus ; il regarde à droite et à gauche, comme s'il cherchait une issue ; quelquefois il beugle plaintivement.

Alors les chulos, voltigeant autour de lui, redoublent leurs agaceries, lui jettent leurs capas sur le nez, lui tirent la queue, le harcèlent de toutes parts. La pauvre bête, soûlée, aveuglée, se défend mollement ; elle donne de faibles coups de tête, un peu n'importe où, fait quelques foulées de galop, puis s'arrête et promène ses gros yeux stupides sur l'essaim dispersé de ses ennemis. Son beau rôle d'animal sauvage en fureur est terminé ; celui de la bête condamnée à souffrir et à être égorgée, commence.

D'ordinaire, trois paires de banderillas sont enfoncées successivement dans le cou du taureau. Une sonnerie de trompettes met fin à ce jeu. L' « espada » fait alors son entrée, et tous les regards de la foule se tournent vers cette célébrité de la tauromachie, qui, après avoir salué la loge de l'alcade en jetant au loin son chapeau, comme pour obtenir la permission de tuer le taureau, s'avance tête nue et lentement jusqu'au milieu de l'arène, tenant d'une main une épée droite et mince, de l'autre une cape écarlate, fixée à un bâton court et appelée la « muleta ».

Entouré des chulos qui obéissent à ses moindres

signes et mènent le taureau où ils veulent, l'espada se place bien en face de la bête. Celle-ci, fascinée par la muleta, s'élance sur elle à chaque instant, mais d'un élan court, saccadé, arrêté presque aussitôt. L'homme fait ainsi tourner la bête autour de lui à l'aide de cette étoffe rouge adroitement maniée ; et si lui-même reste immobile, la foule le couvre de ses bravos. Le but de ces passes est d'amener le taureau à occuper une position déterminée, la seule dans laquelle on puisse lui porter d'une main sûre le coup d'épée fatal : elle consiste à avoir les deux pieds de devant exactement posés sur la même ligne, de manière que le taureau ne puisse point, d'un seul pas fait en avant, atteindre l'homme qui le frappera.

Ce résultat est quelquefois très long à obtenir, et le premier taureau que nous vîmes, tournoya pendant plus de vingt minutes autour du lambeau écarlate avant de se trouver placé comme il convenait. Il finit par l'être cependant. Alors d'un mouvement si prompt qu'on le vit à peine, l'espada passant le bras entre les deux cornes, lui enfonça son épée au milieu du dos. La lame pénétra profondément ; mais le coup n'avait pas été frappé à l'unique endroit qui soit mortel : le taureau ne tomba pas, et continua à répondre par des coups de tête et des bonds aux taquineries des chulos.

Il fallut donner une seconde estocade ; une autre épée fut apportée et le toréador l'enfonça à côté de la première. Cette fois le coup était mortel. Le taureau courut encore en beuglant, tournoya, chancela et se coucha pour mourir. Un torero vint l'achever en le frappant à la nuque de quelques coups de poignard.

Pour nous, l'étonnement et la curiosité nous paralysaient ; mais pour les Espagnols cette première course n'avait rien offert de remarquable. Le taureau avait montré peu d'ardeur à combattre : la foule l'avait même sifflé un instant, et la course dans l'ensemble avait été trop longue.

La seconde se termina beaucoup mieux. C'était le vieux Frascuelo qui était chargé de donner la mort. Il portait un magnifique costume de satin grenat chamarré de broderies d'or et de passementeries éclatantes ; et, comme chez tous ses confrères, ses cheveux grisonnants étaient réunis en un chignon derrière la tête, laissant une petite tresse fine tomber sur le cou. Il joua pendant quelques minutes avec le taureau comme l'on joue avec un chat, sans cesse frôlé par les cornes, jamais touché. Une première piqûre fut faite par l'espada, mais sans suites mortelles. Frascuelo, penché sur le front de la bête fascinée, prit alors son temps avec tant de sang-froid, et frappa son second coup d'épée avec une telle sûreté et d'un poignet si vigoureux, que l'arme pénétra jusqu'à la garde, et que l'énorme bête foudroyée tomba comme une masse sur les deux genoux.

Des cris assourdissants saluèrent cette magnifique estocade. Les spectateurs se levaient, poussaient des hurrahs, battaient des mains avec frénésie. Rien ne saurait peindre ce délire de dix-sept mille personnes à la fois. Frascuelo fit le tour de l'arène, lentement, saluant de la main la foule qui l'acclamait. Alors ce fut autour de lui une pluie de gros cigares, que les toreros qui le suivaient ramassaient dans un chapeau ; on en lançait de partout, en manière d'hommage, et des gradins les plus enthousiastes, les chapeaux eux-mêmes volaient dans l'arène, d'où les hommes de service les rejetaient ensuite au hasard au milieu de la foule, quand le héros avait passé.

Le troisième combat se termina par un triomphe du même genre, peut-être plus frénétique encore. L'espada, du premier coup d'épée, donna la mort au taureau, qui chancela un court instant et alla tomber à quelques pas de là. Mais il n'avait pas été foudroyé comme par Frascuelo, et se serait un peu débattu si on ne l'avait achevé d'un coup de poignard.

Dès que le taureau est à terre et ne respire plus, les trompettes sonnent la fin du combat ; mais c'est à peine si l'on perçoit leurs notes aigres au milieu des vivats et des trépignements de la foule. A ce signal les portes du corral s'ouvrent ; deux attelages de trois grandes mules couvertes de houppes et de pompons aux vives couleurs, la tête ornée de petits drapeaux jaunes et rouges, entrent au galop avec un grand bruit de sonnailles. Des garçons de toril les tiennent en main ; une corde est passée autour de la tête des chevaux morts et du taureau, et traînant ces cadavres sur le sable de l'arène, les mules fouettées se précipitent à une allure folle et s'engouffrent sous l'obscur passage qui mène au corral.

Aussitôt que le dernier cadavre est emporté, les picadors reparaissent, la porte du toril est ouverte, et un nouveau taureau s'élance au dehors, en soufflant bruyamment, en labourant le sable de son sabot. Aucun entr'acte ne retarde jamais le spectacle, et la nouvelle course succède sur-le-champ à la précédente, tandis que l'espada savoure longtemps encore l'ovation enthousiaste qu'on renouvelle sur ses pas.

Parfois il arrive que le taureau, furieux de voir ses insaisissables ennemis lui échapper comme par enchantement, franchisse lui aussi la palissade rouge qui ferme le couloir circulaire. L'énorme bête casse une planche ou deux, et tombe lourdement de côté dans l'étroit passage.

Cette irruption inattendue donne lieu aussitôt à un amusant sauve-qui-peut de la part des chulos au repos, des alguazils, des hommes de service et des marchands d'oranges qui s'abritaient dans le couloir. D'un bond rapide, tous sautent en même temps dans l'arène, prêts à rentrer par la même voie dès que le taureau se sera éloigné.

Celui-ci, revenu de son premier ahurissement, se sent bientôt accablé des coups de canne que les spectateurs du premier rang penchés sur le rebord des gradins font pleuvoir sur son échine. Convaincu alors que sa retraite ne lui offre ni calme ni sécurité, il rentre dans l'arène par les portes que les chulos ont ouvertes à chaque extrémité du secteur où il s'était réfugié.

La sixième et dernière course fut marquée par de curieux épisodes. Le taureau, pauvre bête aux goûts paisibles, ne témoignait aucun désir de combattre. Il avait bien, dans un premier élan, débarrassé l'arène des chulos ; mais l'aspect plus dangereux des picadors le rendait circonspect : il fit un détour près du premier qu'il rencontra. Le second s'étant avancé pour lui barrer le passage, le taureau mécontent éventra le cheval qui tomba mort sur le coup, mais en même temps il reçut du cavalier une sanglante piqûre qui lui prouva qu'il n'avait rien de bon à gagner à ce jeu. Aussi refusa-t-il de le recommencer. Les autres picadors eurent beau s'approcher et le harceler, le taureau déclina l'attaque et jugea même prudent de faire quelques pas en arrière.

A cet indice de poltronnerie, les dix-sept mille spectateurs se mirent à pousser des vociférations féroces ; les sifflets éclatèrent de toutes parts ; les hommes, furieux, accablèrent d'injures l'animal dont l'effroi redoublait. Bientôt tout le monde fut tourné vers la loge de l'alcade en criant : « Fuego ! Fuego ! » le feu ! le feu ! et en agitant des mouchoirs, pour demander qu'on punît la lâcheté du taureau par des banderilles de feu. Comme la permission tardait à être donnée, la colère du public prit des proportions incroyables : les spectateurs étaient debout, hurlaient, montraient le poing à l'alcade. De plus en plus troublé par ce vacarme digne de l'enfer, le taureau reculait toujours. Enfin un signe partit de la loge municipale, les trompettes sonnèrent ; la tempête se calma.

Les picadors ayant vidé l'arène, un agile torero piqua dans le cou du taureau une paire de banderilles qui aussitôt se mirent à fuser et à éclater comme des pétards. La pauvre bête exaspérée par la douleur, sentant sa peau roussir sous les flammes, épouvantée du bruit des détonations qui éclataient à ses oreilles, s'enfuit affolée. On la poursuivit sans pitié, et l'on planta dans son échine meurtrie jusqu'à six paires de ces engins barbares. Puis l'on sonna la mort.

L'espada eut fort à faire pour venir à bout du taureau : celui-ci était trop désorienté, trop martyrisé, pour se soumettre aux règles de l'art. Il fallut le labourer de coups d'épée qui, mal portés, n'étaient jamais mortels. La malheureuse bête, l'œil stupide, le mufle plein d'écume et de sang, ne pouvait se décider à tomber : elle chancelait sur ses jarrets affaiblis ; tout son corps était secoué par un tremblement affreux ; elle s'abattait lourdement, puis se relevait tout à coup au moment où on allait l'achever. La foule criait et sifflait.

Alors, pour augmenter encore l'horreur de cette lamentable agonie, deux ou trois cents spectateurs des premiers gradins franchirent les barrières et envahirent l'arène. Quelques-uns faisaient voltiger leur manteau à la manière des chulos devant les yeux aveuglés de sang de la pauvre brute martyrisée. Elle eut encore la force de se relever et de traverser l'arène en courant, ce qui fit fuir de toutes parts la foule effrayée. Mais bientôt elle s'abattit pour ne plus se relever, et tandis que l'espada lui labourait le crâne de la pointe de son arme, cette même nuée d'individus se précipita avec une rage étrange pour frapper le cadavre encore en convulsions.

C'est sur cette scène de sauvagerie que le spectacle se termina. Nous avions vu poser vingt-deux paires de banderilles, égorger six taureaux, éventrer je ne sais combien de chevaux, dont dix étaient morts sur place ! Quelle boucherie !

Et pourtant l'on ne saurait nier que ces combats ne soient magnifiques et passionnants. Le goût que professent pour eux les Espagnols de toutes les classes et de tous les âges, ne connaît pas de limites ; mais il dénote chez eux un reste de cette férocité naturelle dont leurs ancêtres ont donné tant de preuves dans l'histoire. Quant aux Français, plus humains, moins habitués à la vue du sang, ils ne peuvent se défendre d'un mouvement de répugnance devant des massacres aussi cruels ; et il arrive que le dégoût et l'horreur, sentiments auxquels les Espagnols ne sont plus accessibles, dominent parfois chez les étrangers l'admiration qu'inspirent l'adresse et le courage des toreros. C'est sous cette impression que nous trouvâmes M. et Mme D... et un ménage de leurs amis : ils étaient tous partis après la troisième course, incapables d'en supporter davantage !

Je n'étais pas à beaucoup près aussi écœuré qu'eux ; je m'efforçai même si bien de reléguer au second plan le côté sanglant du spectacle pour ne garder que l'impression d'ensemble, que le lendemain, lundi de Pâques, quand je vis la foule se précipiter de nouveau vers la Plaza de Toros par toutes les grandes artères de la capitale, je fus pris d'une envie irrésistible de la suivre, de m'y mêler, de repasser par les mêmes émotions que la veille.

Pourtant, dans l'intervalle, la civilisation nous avait ressaisis tant soit peu, et nos admirations étaient allées à une esthétique moins barbare. Nous avions, grâce aux cartes du chancelier de notre ambassade, visité la « Real Armeria », où se conserve une des plus vastes collections d'armes et d'armures de luxe qui soit au monde. L'art délicat des orfèvres et des ciseleurs d'autrefois a raconté toute la mythologie et toute l'histoire sur le métal des boucliers, sur la garde ajourée des longues épées, sur l'acier damasquiné des armures de parade que les villes, les provinces ou les rois étrangers offraient aux souverains d'Espagne et aux infants. Charles-Quint a laissé là plus d'armures qu'il ne livra de batailles en sa vie.

Et surtout nous avions passé quelques heures enchantées au Musée Royal, rival heureux de notre Louvre et des plus célèbres musées d'Europe.

Dès le premier pas, l'œil s'attache à des chefs-d'œuvre, et s'arrête ravi sur une Vierge de Murillo, et sur une autre toile du même maître qui représente, avec une expression divine, l'Enfant-Jésus donnant à boire dans une coquille à saint Jean-Baptiste.

Mais pourquoi nous arrêter sur ces deux tableaux plutôt que sur tous ceux qui les suivent, rangés dans l'ordre de leurs écoles ? Pourquoi ne pas nommer une à une, comme elles le mériteraient, les autres œuvres de Murillo, celles de Velasquez, d'Alonso Cano, de Zurbaran, de Ribera, du Greco, de Goya ? celles de Michel-Ange, de Léonard de Vinci, d'Andrea del Sarto, de Véronèse, du Tintoret, du Titien, de Raphaël, du Corrège, du Guide, d'Annibal Carrache et de Salvator Rosa ? celles d'Albert Dürer et de Mengs ? celles de Rembrandt, de Wouvermans, de Van Eyck ? celles de Jordaens, de Van Dyck, de Rubens, de Breughel et de Téniers ? celles du Poussin et de Claude Lorrain ? Pas un des deux mille tableaux du Musée Royal qui ne soit signé d'un de ces noms à jamais illustres ; aussi l'œil ébloui ne quitte-t-il un chef-d'œuvre que pour se perdre dans les cent autres qui l'entourent. Et l'on se désespère de ne pouvoir accorder au moins un quart d'heure d'admiration à chaque toile. Au lieu d'une demi-journée, c'est une demi-année qu'on devrait donner au Musée de Madrid, pour commencer seulement à le connaître.

Mais je l'ai dit, les jouissances d'un art aussi élevé

ne me mirent pas à l'abri d'une irrésistible curiosité quand vint l'heure des « Toros », quatre heures de l'après-midi. Je me joignis à la foule, et me laissai entraîner jusqu'au cirque où l'affluence était la même que la veille.

Comme je n'avais pas pris mes mesures d'avance, je craignais fort de ne plus trouver place. Mais au guichet même de la Plaza, il restait encore par bonheur quelques billets d'« andanada sombra »; j'en pris un pour la somme de deux francs soixante, le dixième à peu près de ce que nous avions payé la veille, et je ne fus pas peu surpris, tout en étant placé en haut du cirque, sur l'avant-dernier gradin, de n'être nullement gêné par la foule des spectateurs qui m'entouraient, et de voir presque aussi bien l'arène tout entière, que des places de « delantera grada » où nous nous trouvions la veille.

La même mise en scène commença le spectacle. Escortés par le soleil, au son des trompettes, les brillants toreros dans leurs costumes de soie et d'or firent leur entrée.

Les deux premiers taureaux valurent des triomphes aux espadas : ils tombèrent foudroyés, sur les deux genoux, sans une convulsion, sans un soubresaut. Mais ils avaient eu le temps de faire un grand massacre de chevaux; et en observant leurs victimes, j'eus une nouvelle preuve de la barbarie avec laquelle on les traite.

Je distinguai un pauvre cheval blanc de la plus misérable maigreur. Presque au début de la première course, le taureau lui avait fait une profonde estafilade dans le poitrail. Tout le poil de ses épaules et de ses jambes de devant se teignit aussitôt d'une couche de sang si épaisse, si abondante, que l'eau n'en eut pas raison, et qu'après que l'on eut bouché son entaille avec de l'étoupe, on ramena le cheval dans le même état pour la seconde course. Là, le taureau l'éventra d'une façon horrible : toutes ses entrailles s'échappèrent. Le picador avait vidé les étriers et gisait sur le sol. La bête se mit à galoper follement, ses boyaux se dévidant sous elle et ses pieds de derrière les écrasant dans le sable. Après plusieurs tours, les garçons de toril en vinrent à bout et l'emmenèrent au corral.

Je ne sais comment ils firent pour reboucher encore ces plaies sans nom, mais le cheval n'en reparut pas moins une troisième fois, à la course suivante, avec un picador sur le dos ; et, une troisième fois, il reçut en plein ventre un furibond coup de corne. Il ne tomba pas encore. La vie semblait ne pas vouloir s'échapper de sa carcasse pantelante. A grands coups de bâtons on le chassa, et il mourut sans doute à l'écurie, car on ne le revit heureusement plus.

Le taureau, qui l'avait frappé en dernier lieu, montrait au début une certaine ardeur à la lutte. Mais lorsqu'il se sentit l'échine labourée de coups de pique et de banderilles, sa férocité fit place au découragement. Il imagina de chercher un abri dans le couloir des chulos et, bondissant pesamment par dessus la palissade, il se crut protégé contre ses persécuteurs. Ceux-ci faillirent ne pas avoir le dernier mot, car le taureau, se trouvant bien, refusa d'abord obstinément de quitter l'asile qu'il s'était choisi. Une grêle de coups de cannes, des capas promenées sur les yeux, des agaceries de tout genre eurent enfin raison du réfugié et le ramenèrent à grand'peine sur le terrain où sa mort était préparée.

L'illustre Lagartijo eut les honneurs de la course suivante, et reçut une ovation extraordinaire. A peine avait-il, depuis deux ou trois minutes, pris possession du taureau et fait onduler devant ses yeux fascinés l'étoffe écarlate de la muleta, que l'animal se trouva placé presque aussitôt de la manière requise. Rapide comme la foudre, Lagartijo saisit cet instant avant même que les spectateurs les plus attentifs aient pu s'en apercevoir, et son épée disparut jusqu'à la garde le long de l'épine dorsale du taureau. Celui-ci, atteint à mort, tournoya sur lui-même et s'abattit. Aussitôt, les chapeaux, les cigares et jusqu'aux manteaux des plus enthousiastes volèrent dans l'arène autour du héros, tandis que des milliers de poitrines poussaient en son honneur des cris frénétiques, que les mouchoirs s'agitaient, que les mains applaudissaient.

Le cinquième taureau se fit remarquer par une vigueur peu commune. Ayant, dans un furieux élan, saisi un cheval par l'arrière-main, il lui fit décrire sur la tête un demi-cercle complet. Le cheval se renversa sur son cavalier, et le taureau s'apprêtait à mettre en bouillie ce groupe qui se débattait, lorsque les chulos réussirent à l'entraîner plus loin pour permettre à l'homme de se dégager. Celui-ci, par miracle, ne fut même pas blessé ; il remonta à cheval presque aussitôt. Mais un de ses camarades fut bientôt moins heureux.

Le taureau s'étant précipité sur lui avec une violence inouïe, engagea si bien sa tête sous le ventre du cheval, qu'il l'enleva de terre des quatre pieds avec son cavalier. Le cheval, pris de côté, décrivit une courbe et retomba raide mort sur le flanc. Quant au picador, on l'emporta tout meurtri et inanimé.

Enfin, un incident assez singulier marqua la dernière course. A la première attaque, la lance d'un picador se trouva dirigée de telle façon que, au lieu de piquer simplement les parties charnues du dos et du cou, le fer traversa de part en part un gros pli de chair placé au-dessus du garrot, et que la lance, en s'y engageant, échappa aux mains du picador. Le taureau s'enfuit en beuglant, les épaules couvertes de sang, emportant avec lui cette longue tige de bois qui s'enfonçait de plus en plus sous l'épaisse lanière, se pliait contre le sol, se rejetait de droite et de gauche, ou parfois se maintenait horizontale entre les deux cornes, dans le prolongement du corps de l'animal.

Le taureau était rendu si furieux par la douleur, et si dangereux à cause de cette lance qui battait l'air, qu'on fut plus d'un quart d'heure sans pouvoir l'approcher, ni le débarrasser de l'arme qui le torturait. On cherchait à l'amener dans le couloir de refuge dont toutes les portes étaient ouvertes ; lorsque enfin il s'y fut engagé, les hommes se mirent lestement à l'abri dans l'arène, et l'on enferma le taureau dans un étroit secteur.

Plus tourmenté que jamais, il allait et venait comme une bête fauve en cage. On fut encore quelques minutes sans pouvoir atteindre la lance fatale qui, maintenant, était fixée au garrot par son milieu et si solidement que, lorsqu'on l'eut saisie de l'autre côté de la palissade, trois hommes se firent traîner par le taureau sans réussir à la dégager. Elle finit par se briser sous leur effort; un garçon de toril dut revenir à la charge pour arracher le tronçon, long d'un mètre, qui restait encore engagé dans la plaie. Alors on put délivrer le taureau et continuer le combat.

Celui-ci se termina, comme la veille, par l'invasion audacieuse d'une centaine de spectateurs, venant se mêler aux toreros pendant l'agonie du pauvre animal.

Hélas! je rapportai de ce second spectacle une horreur infiniment moins forte que du premier. Il s'y joignit une certitude, celle que je me passionnerais sans remède pour ce genre de distraction, pour peu que l'occasion s'offrît souvent à moi de le goûter.

Je n'en courais pas le risque, car notre voyage touchait à sa fin; et dès le lendemain matin, nous nous éloignâmes de Madrid sur la voie du retour.

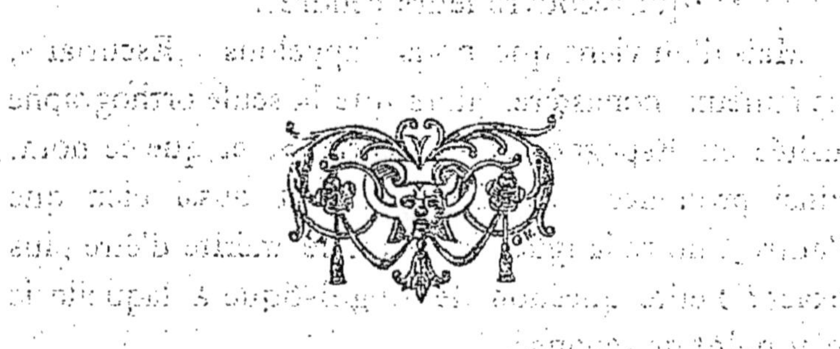

XIV.

L'ESCURIAL.

Après avoir parcouru le royaume et visité la capitale des souverains de l'Espagne, nous devions un pèlerinage au triste tombeau qui recouvre leurs cendres.

Mais d'où vient que nous l'appelons « Escurial », ce fameux monastère, alors que la seule orthographe usitée en Espagne est « Escorial », et que ce nom, ainsi prononcé, conviendrait tout aussi bien que l'autre à notre langue, en ayant le mérite d'être plus exact ? Petite question de linguistique à laquelle je n'ai point de réponse.

De Madrid le trajet est de deux heures par chemin

de fer, dans des plaines sauvages, légèrement verdies par les bruyères et parsemées de roches grises.

Nous fîmes cette route dans le voisinage d'une famille anglaise composée de cinq personnes. Je ne sais par suite de quel vœu ou pour l'expiation de quelle faute ces malheureux s'étaient condamnés à parcourir le monde sans jamais faire enregistrer le moindre de leurs bagages. Leur compartiment en était rempli jusqu'au toit. Et lorsqu'ils descendirent en même temps que nous, à la petite station de San Lorenzo, ils tenaient à la main dix-sept valises! En outre, la mère et ses deux filles avaient chacune revêtu trois manteaux, dont une pelisse en lapin blanc, et nombre de châles de toute dimension. Pauvres gens! Ils étaient partout l'objet d'une pitié risible. Peut-être conservaient-ils encore l'illusion qu'ils voyageaient pour leur plaisir. L'un d'eux, cependant, le père, paraissait bien l'avoir perdue; et l'air péniblement abruti avec lequel il surveillait et dénombrait sans cesse ses colis épars, témoignait trop de l'intensité de ses soucis.

Nous arrivâmes à dix heures du matin à l'Escurial, dont le nom religieux est aussi San Lorenzo. On peut difficilement s'imaginer la désolation de ce lieu. Les plaines qui le précèdent sont incultes et rocheuses; les collines qui l'entourent sont pelées, brunâtres, sans un arbre ; elles montraient encore dans les creux des sommets quelques restes de neige ; et pour que rien ne manquât à la tristesse du paysage, un vent glacial et pernicieux soufflait avec violence.

C'est dans cette solitude désolée que s'élève une lourde masse de bâtiments, ayant de quatre à huit étages suivant les corps et les pavillons d'angle, et dont le plan d'ensemble affecte la forme d'un gril. La fondation s'en rattache à un vœu de Philippe II qui, ayant dû bombarder quelques églises à la bataille de Saint-Quentin ou pendant la guerre des Flandres qui la précéda, fit à saint Laurent le vœu de lui élever un sanctuaire qui n'eût pas d'égal.

Une seule matière est entrée dans la construction du gigantesque couvent : c'est le granit, un granit un peu pailleté, excessivement dur, qui de près est gris et de loin revêt une teinte jaunâtre. Les façades sont absolument nues et plates. De grandes toitures d'ardoise les couronnent avec quelques dômes sévères, et pour tout ornement des boules de granit. Une sorte de places d'armes précède l'entrée principale qui n'est marquée que par quatre colonnes supportant un fronton très simple ; deux grils sont sculptés de chaque côté, et une statue de saint Laurent surmonte le tout. On pénètre alors dans une grande cour carrée, au fond de laquelle s'ouvre le portail de l'église.

La tristesse de cet édifice funèbre, si vastes qu'en soient les proportions, l'empêche d'être imposant. C'est une prison, c'est une tombe, dont le froid sinistre se communique à l'âme et ne la quitte plus qu'elle ne soit bien loin de ces lieux désolés.

A l'origine, le couvent était occupé par des Hiéronymites. Aujourd'hui ce sont des moines Augustins qui veillent sur les tombes royales. Leur costume noir comporte un capuchon arrondi qu'ils relèvent sur la tête et qui leur donne la silhouette des vieilles paysannes flamandes, lorsqu'elles ont revêtu leurs grosses houppelandes pour se rendre à l'église.

La visite de l'Escurial commença par la bibliothèque. On nous fit traverser des cours profondes et gravir d'étroits escaliers creusés dans l'épaisseur énorme des murailles. Nous parvînmes ainsi à une longue galerie claire dont le plafond est badigeonné de fresques criardes. Dix-sept mille gros volumes de théologie y sont rangés dans des armoires d'un assez beau style. Ces produits de la féconde scolastique espagnole des XVe et XVIe siècles ont, par une disposition singulière, le dos tourné contre la muraille, et c'est sur leur tranche dorée qu'on en lit le titre inscrit en vieux caractères.

Les livres font place entre eux à quelques portraits, celui de Herrera, le sombre architecte de ce sombre palais ; celui de Charles-Quint, et la suite lamentable de ses descendants directs, depuis les traits durs de Philippe II jusqu'à la galoche repoussante du pauvre Charles II, le monarque le plus hideux que la terre ait porté, et cependant l'un de ceux que la peinture ait le plus reproduits. Au musée de Madrid ses portraits pullulent et font horreur.

Sur des tables de marbre, au centre de la galerie, sont exposées à l'admiration des visiteurs quelques merveilles de calligraphie religieuse ancienne et de miniatures sur parchemin : les missels d'Isabelle-la-Catholique et de Charles-Quint, couverts d'exquises peintures ; un évangile composé en l'an 1050 avec de grosses lettres d'or découpées et rapportées une à une ; des livres plus anciens encore et un magnifique exemplaire du Koran datant de la fin de la domination arabe.

Au sortir de la bibliothèque, on retombe dans le dédale morne des couloirs, des escaliers et des cloîtres où bien vite les tours et détours vous font perdre toute orientation.

Au sein de cette immensité déserte, Charles III fit meubler au XVIIIe siècle et rendit habitables quelques appartements d'un étage supérieur. Il y plaça une collection des premières tapisseries fabriquées à la manufacture royale de Madrid qu'il venait de fonder à l'imitation des Gobelins. Elles sont encore de la plus grande fraîcheur. La plupart sont des copies des Téniers du Musée Royal.

La portion du monastère ainsi décorée par Charles III forme une suite de petits salons, dont les planchers, les volets et les lambris des fenêtres profondes comme des meurtrières, sont faits de très belle marqueterie. Parmi les quelques objets d'art disséminés sur des consoles (les cheminées sont tout à fait inconnues au pays des braseros), je remarquai surtout un groupe d'ivoire très délicat représentant une descente de croix.

A la suite vient une galerie des batailles, voûtée et peinte à fresques de couleurs criardes. Elle date de Philippe II : aussi est-ce un pinceau bien naïf qui l'a barbouillée de combats contre les Mores de Grenade ou les Flamands des Pays-Bas, et de luttes navales dans lesquelles les caravelles en ocre s'entrechoquent à plat sur des mers d'indigo ; car il y a là autant de perspective et un coloris aussi ingénieux que dans des dessins chinois.

On nous conduisit dans une tout autre partie du couvent pour nous montrer la chambre de Philippe II. Oh ! la triste et misérable pièce que ce logement de cénobite, carrelé de rouge, où le monarque hypocondre vécut longtemps, recevant les ambassadeurs de tous les pays du monde et les administrateurs de ses immenses États! Celui qui commandait à des empires « où le soleil ne se couchait jamais », vivait là volontairement, entre quatre murs nus et glacés.

La cellule se prolonge en deux alcôves obscures. L'une servait de chambre à coucher et le lit y était placé de telle façon que Philippe II pût, en ouvrant un petit volet, apercevoir le maître-autel de l'église et entendre les offices les jours où la maladie l'empêchait d'aller prendre sa place accoutumée parmi les moines. C'est dans cette alcôve qu'il mourut.

L'autre était son cabinet de travail. Au fond de ce trou sombre, durant les années de son long règne, il travaillait, dit l'histoire, douze et quinze heures par jour, plus que le plus humble scribe de ses ministères, voulant tout voir et tout savoir par lui-même, soupçonneux et infatigable, se noyant dans les détails, croyant suppléer par ce labeur surhumain au génie qui lui manquait. C'est là qu'il ruminait ses plans audacieux de monarchie universelle, qu'il tramait les tromperies de sa politique machiavélique, que son fanatisme dénaturé lui inspirait ces ordres odieux qui partaient de tous côtés pour ensanglanter ses empires. On voit encore son bureau, meuble rigide et terne, son portefeuille en velours, son encrier, son fauteuil de cuir, pauvre siège incommode, sévère et misérable comme le reste, comme le petit pliant de jonc où le roi étendait sa jambe gonflée par la goutte.

De ce sombre réduit, nous passâmes dans l'église qui occupe le centre de tout l'édifice. Elle forme un carré parfait de cinquante mètres de côté ; mais les nefs dessinent une croix latine. L'aspect en est magnifique et rappelle celui du Panthéon à Paris. Comme à Sainte-Geneviève, en effet, une majestueuse coupole s'élève en plein cintre jusqu'à près de cent mètres de hauteur, soutenue par quatre piliers énormes, blocs cubiques de huit mètres de côté. Toutes les voûtes sont couvertes de fresques, peintes soit par Luca Giordano, au temps de Philippe II, soit plus tard, mais toutes aussi mauvaises, d'un coloris aussi criard et aussi heurté.

La « capilla mayor » possède un haut retable imposant formé de tableaux et de quatre étages de colonnes en marbre rouge, de quatre ordres différents d'architecture, dorique, ionique, corinthien et composite. De chaque côté, sous d'autres colonnades surélevées et les visages tournés vers l'autel, deux groupes de statues en bronze doré, de grandeur naturelle, sont agenouillés. Le premier représente Charles-Quint, revêtu du manteau impérial, entre sa femme et ses deux sœurs ; le second, Philippe II couvert du manteau royal, avec trois de ses quatre femmes et son fils, le pauvre don Carlos, dont sa haine dénaturée n'épargna même pas la vie.

Depuis plusieurs heures que nous parcourions l'Escurial en compagnie d'un groupe de touristes, un jeune Anglais fort élégant m'avait fait le don gratuit de sa confiance. Je m'en fusse volontiers passé, car ce gentilhomme était aussi sot qu'ignorant ; mais il l'était avec tant de naïveté et de discrétion, qu'il était à peine possible de lui en vouloir. Il semblait n'avoir jamais entendu parler de l'Espagne ni de son histoire, sauf sur un point pourtant : en passant dans l'église devant une chapelle grillée, où la faible lueur d'une lampe veille sur le tombeau de la reine Mercédès et où chaque matin on célèbre la messe en sa mémoire, mon Anglais me confia avec un grand sérieux que la pauvre jeune reine était morte empoisonnée par sa belle-mère Isabelle II !

Quant aux choses d'art, il poussait l'absence de goût et de bon sens jusqu'au ridicule, admirant toujours à rebours, laissant passer inaperçus les plus jolis objets, mais, par contre, s'arrêtant avec les marques du plus vif intérêt devant les choses les plus insignifiantes. En visitant les appartements de Charles III, je n'avais pu m'empêcher de le mettre en défiance contre un jugement très flatteur qu'il venait de porter sur une détestable pendule empire abandonnée dans un coin. J'essayai de lui faire comprendre qu'il y avait à l'Escurial une foule de curiosités beaucoup plus remarquables et plus précieuses. Loin de s'en formaliser, il s'en montra reconnaissant, et à partir de ce moment ne voulut plus me quitter.

Il venait, devant chaque objet qu'il apercevait, me demander avec une naïveté comique : « Est-ce que c'est joli ? » puis aussitôt : « Est-ce que c'est français ? » Et il n'osait plus rien admirer que je n'eusse répondu affirmativement à ces deux questions extravagantes qu'il répétait à chaque pas. Il ne soupçonnait pas ce que sont des tapisseries ; je fis de mon mieux pour le lui faire entendre ; encore douté-je fort d'avoir réussi.

Après quelques heures de cet exercice de formation du goût, mon insulaire, s'affranchissant de la tutelle qu'il s'était donnée, se crut capable de voler de ses propres ailes. Le succès fut complet. Nous visitions l'église. Les marches du maître-autel étaient couvertes d'un tapis à fleurs rouges, absolument vulgaire et tout battant neuf, que personne au monde n'eût jamais remarqué, sinon pour sa laideur criarde, surtout en un tel lieu. Mais voici que notre Anglais s'arrête soudain et tombe dans un émerveillement voisin de l'enthousiasme en face de cet objet ridicule, le plus banal et le plus insignifiant des tapis ! Il court de l'un à l'autre, cherchant à faire partager l'admiration dont il est rempli. Il s'adresse au guide et lui demande des détails sur ce tissu incomparable. Le guide l'envoie promener d'un haussement d'épaules. Il vient alors à moi et déjà ses lèvres balbutiaient l'éternelle question : « Est-ce que c'est français ? », lorsque je fis comme le guide et abandonnai le pauvre homme à son incurable ineptie.

Du côté de la cour d'honneur, l'église est précédée d'un vestibule où l'on admire une voûte plate dont l'architecture est célèbre : elle est simplement formée, et sans le moindre soutien, de ces mêmes larges blocs de granit dont tout l'Escurial est construit. C'est Herrera qui exécuta ce tour de force difficilement compréhensible. Philippe II lui-même, malgré toute la confiance qu'il accordait à son architecte, se montra inquiet de son audace et, redoutant une catastrophe, exigea qu'on soutînt la voûte par une colonne centrale. Herrera dut obéir, mais il était si sûr de son œuvre qu'il n'y plaça qu'une colonne en papier imitant la pierre. Plusieurs années après, dit-on, Philippe II ayant témoigné quelque regret que ce pilier, placé devant la porte principale, interrompît fâcheusement la belle perspective de l'église : « Qu'à cela ne tienne ! » dit Herrera, et, d'un coup de pied, il jeta sa colonne à terre.

C'est au-dessus de cette voûte plate que se trouve le coro ou chœur des moines. On y accède par les galeries supérieures de l'église. Un gigantesque lutrin, lourd de cinq mille kilogrammes, en occupe le centre, et, malgré son poids, il suffit de la pression d'un doigt, pour le faire tourner sur la pointe de diamant qui, dit-on, lui sert de pivot.

Le coro de l'Escurial conserve une prodigieuse collection de deux cent vingt livres de chant, en parchemin manuscrit, hauts de plus d'un mètre et larges en proportion. Chaque feuillet est fait de la peau d'un veau mort-né, et, sous les ais recouverts de cuir fauve et de coins de cuivre qui forment la reliure, il a fallu adapter des roulettes de bronze pour pouvoir les remuer. Ces volumes immenses renferment tous les offices de l'Église notés en plain-chant et écrits en lettres de trois doigts par les Hiéronymites contemporains de Philippe II. Les offices des grandes fêtes sont précédés de miniatures d'une finesse et d'une perfection extraordinaires.

La belle silleria du chœur en fait le tour sur trois côtés et comprend deux rangs de stalles. Elle est d'un style extrêmement sobre, sans autre ornement qu'une rangée de colonnettes très délicates un peu détachées des boiseries. Tout au fond, dans un angle, on montre la stalle où, par une porte secrète pratiquée dans la muraille, le sombre Philippe II venait chaque jour, mystérieux et impénétrable, s'asseoir parmi les moines dont il suivait l'office.

Deux orgues magnifiques se font vis-à-vis au-dessus de la silleria, et à la voûte du chœur, peinte à fresque comme le reste de l'église, est suspendu un lustre ancien en cristal de roche. Sur le dallage, non loin du lutrin, une légère dépression se fait sentir : elle provient d'un affaissement partiel de la fameuse voûte plate, et il est facile, en frappant du pied à cet endroit, d'ébranler sous soi toute l'audacieuse maçonnerie.

On nous fit passer derrière le coro dans un étroit couloir de granit où se trouve un autel portant un grand Christ en croix de marbre blanc, très beau dans le demi-jour. C'est la première œuvre de sculpture de Benvenuto Cellini. Le nom de l'artiste florentin, avec la date de 1552, est inscrit sur la planchette qui soutient les pieds du divin Crucifié. Deux volets peuvent s'ouvrir devant l'autel et découvrent alors à la cour d'honneur du monastère, au-dessus du portail de l'église, les bras étendus du grand Christ de marbre : c'est de là que l'on faisait autrefois entendre la messe aux troupes de la garde royale, massées au dehors.

Notre cicerone nous fit sortir de l'église par le bras droit du transept et passer dans la sacristie et ses dépendances. Je ne m'attarderai pas sur les fontaines de marbre, les peintures et les portraits qui s'y trouvent, ni sur les ornements de bronze doré et les portes d'écaille qui encadrent l'autel, ni sur une hostie consacrée qu'on y vénère et qui, foulée aux pieds par des huguenots allemands et miraculeusement sauvée, fut jadis donnée en présent par l'empereur Rodolphe au dévot Philippe II. Je ne signalerai aussi qu'en passant les ravissantes broderies religieuses anciennes qu'on nous montra, et les ornements d'église d'or et d'argent, œuvre des moines du XVIe siècle, dont on fait encore usage soit à la fête de saint Laurent, patron de l'Escurial, soit aux funérailles des rois. Car j'ai hâte d'en venir aux chapelles souterraines où, depuis Philippe II, reposent les dépouilles mortelles des souverains de l'Espagne.

Il faut, pour y pénétrer, demander au palais royal de Madrid des cartes d'autorisation. Nous n'en avions point, mais fort heureusement nous pûmes profiter de celles dont s'était sagement muni un vieil Anglais qui visitait l'Escurial en même temps que nous.

Une grille de bronze doré, surmontée d'une inscription sur marbre noir, ferme l'escalier qui descend aux caveaux. A peine l'a-t-on franchie qu'on ne voit plus que marbre autour de soi : les marches, les lambris, la voûte, tout est en marbre rouge et noir, d'un admirable poli. Il nous semblait descendre dans un tunnel de glace, tant la lumière portée par notre guide s'y reflétait avec éclat.

On arrive ainsi au caveau royal sous une voûte haute de huit mètres environ et arrondie en forme de dôme. Ce « Panthéon des Rois », c'est ainsi qu'on le désigne, est entièrement revêtu des mêmes marbres sévères et riches. Il a la forme d'un octogone dont l'un des côtés est occupé par la grille d'entrée, celui qui lui fait face par un Christ en bronze, et les six autres par les tombes royales placées dans quatre rangs de niches superposées. Elles aussi sont de porphyre rehaussé par des ornements de bronze doré.

Au-dessus de chacune d'elles, le simple nom du souverain qui l'occupe est gravé dans le marbre, sans indication d'âge ni de date. Les rois sont rangés à gauche ; à droite reposent les reines qui ont laissé succession. Les premiers jusqu'ici sont au nombre de dix. La série en commence à Charles-Quint ; Philippe V l'interrompt, ayant choisi un autre lieu de sépulture ; Alphonse XII la termine ; mais entre sa tombe et celle de Ferdinand VII, une place vide attend la reine Isabelle II.

Rien ne saurait rendre la mystérieuse solennité de ce lieu de repos où tant de grandeur terrestre vient trouver son épilogue !

Le Caveau des Infants est beaucoup plus récent que le Panthéon des Rois. Celui-ci est vieux de plusieurs siècles; celui-là date de quelques années à peine. Il est aussi beaucoup plus vaste, car il sert de sépulture à tous les princes et princesses de la maison royale d'Espagne, morts depuis l'unité de la monarchie. C'est une suite de salles dans la construction desquelles il n'est entré d'autre matière qu'un marbre d'une blancheur éclatante. La tête appuyée à la muraille sont rangés les tombeaux, tous pareils, d'un style gothique fleuri très sobre. Les noms des princes qui les occupent, avec leurs armoiries aux vives couleurs, sont gravés au-dessus de chaque monument.

Pour tempérer cette uniformité, qui n'est pourtant pas sans grandeur, quelques mausolées plus somptueux que les autres sont élevés à des princes plus particulièrement illustres, tels que don Juan d'Autriche, le vainqueur de Lépante, couché avec sa grande épée sur le marbre du cénotaphe; ou bien à des membres de la famille royale morts de nos jours, comme les deux filles du duc de Montpensier, et doña Maria del Pilar, une des sœurs d'Alphonse XII.

Une chapelle spéciale, et qui n'est pas la moins belle, est réservée aux infants morts en bas âge: toutes leurs petites tombes gothiques superposées rayonnent d'un centre commun et forment ainsi un monument unique au milieu de la chapelle. Par une touchante allégorie, le tableau de l'autel représente l'Enfant Jésus sommeillant doucement sous le regard attendri de sa divine Mère, qui le contemple en souriant.

Par là se termina notre visite du sombre Escurial. Oppressé, étouffé entre ces froides murailles de granit, le cœur se dilate et sent comme une délivrance lorsqu'il s'éloigne de ce séjour de la mélancolie et de la mort.

Le guide nous conduisit vers un jardin rocheux où les arbres bas et sans force atteignent péniblement la hauteur d'un taillis et où la végétation, si avancée sur d'autres points de l'Espagne, commence à peine en avril à se montrer à travers les bourgeons. Il y a cent ans, Charles IV y fit construire un pavillon qu'il se plut à remplir de merveilles choisies. Toutes les pièces en sont minuscules, mais quelques beaux tableaux des maîtres italiens et espagnols les décorent, et tous les plafonds, jusqu'à ceux des couloirs les plus insignifiants, sont délicatement peints de guirlandes, d'amours et de mille ornements Louis XVI. Ce sont des chefs-d'œuvre du genre.

L'ameublement est d'un grand luxe. De claires tentures de soie et d'or, à fleurs et à ramages, couvrent les murailles et égaient les boudoirs de leurs fraîches nuances. Certains panneaux, brodés à la main, représentent des paysages et rappellent les miracles de finesse que nous avions admirés quelques heures auparavant dans la sacristie du monastère. Enfin, une foule de menus objets d'art, des orfèvreries, des ivoires ciselés remplissent ce musée lilliputien. Au nombre des peintures, on compte les portraits des membres de la famille de Charles IV et plusieurs vues du château et du parc d'Aranjuez, dont l'aspect riant contraste fort avec la désolation de l'Escurial.

Pendant que nous parcourions ce petit pavillon si artistique, tout le personnel des guides et des gardiens parut soudain fort occupé d'un voyageur de marque, accompagné d'une dame, et que chacun comblait de saluts et d'attentions. Nous sûmes bientôt son nom : c'était M. Canovas, le chef du parti conservateur espagnol, l'ancien premier ministre, que les vicissitudes parlementaires ont ramené depuis à la tête du gouvernement de son pays.

Du pavillon de Charles IV, nous regagnâmes le petit village morne et désert auquel l'Escurial a donné naissance et qui renferme, à l'usage des touristes, une auberge unique décorée du nom d'Hôtel Miranda. Le froid était vif et, comme le jour tombait, l'indéfinissable tristesse de cette solitude en paraissait encore plus accablante, plus sombre, plus éternelle...

N'est-ce pas de la cruauté que d'avoir assigné un pareil séjour à l'École des Eaux et Forêts d'Espagne? Il me semble que la vocation la plus prononcée ne saurait me décider à habiter, ne fût-ce qu'un mois, ce lieu de désolation. Nous avons aperçu quelques jeunes ingénieurs, frissonnant dans leurs grands manteaux sous la bise glacée. Tous avaient le visage mélancolique que Dante prête à ses fantômes dans l'éternel ennui des limbes. A quoi bon un exil aussi barbare?

Au surplus n'est-elle pas bien problématique, l'utilité de cette École des Eaux et Forêts dans un pays où les bois sont inconnus et les fleuves carrossables?

Après avoir dîné avec beaucoup d'Anglais, nous quittâmes l'Escurial, à neuf heures et demie du soir, par un train qui nous emporta dans la direction du nord et nous déposa à Burgos le lendemain à cinq heures du matin.

XV.

BURGOS.

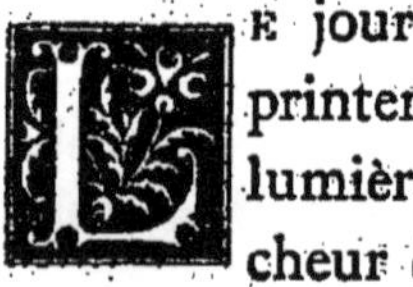

Le jour se levait à peine. Une gelée de printemps accompagnait le retour de la lumière et répandait un frisson sur la blancheur du matin. Nous nous fîmes conduire à l'Hôtel de Paris, auberge plus que médiocre sous tous les rapports, mais la seule de la ville.

L'antique capitale de la Vieille-Castille est située sur l'Arlanzon. Je viens de dire du mal des fleuves d'Espagne; je n'en dirai point de cette jolie rivière, aux eaux claires et torrentueuses, coulant entre deux rives sans quais, et au bord de laquelle des centaines de lavandières agenouillées battaient leur linge en chantant.

La physionomie de la vieille cité est fort particulière. Les Arabes en furent chassés de bonne heure; aussi n'y reste-t-il pour toute trace de leur occupation que l'arc moresque d'une porte ruinée, encore visible parmi d'anciens remparts.

Par contre, Burgos est bien demeurée la ville gothique où les rois du moyen-âge résidèrent jusqu'à l'unité de la monarchie. Bien des façades portent de grands blasons sculptés dans la pierre sombre, des cimiers, des lambrequins, restes des beaux temps de la chevalerie. Il en est de fort curieuses, notamment celle de l'archevêché, constellée des armoiries des anciens prélats, et surtout celle d'un palais du XIVe siècle, construit par le connétable de Haro et appelé la « Casa del Cordon ». Elle doit ce nom à une grosse corde noueuse sculptée en relief sur la pierre comme encadrement du portail et qui figure, dit-on, le cordon de l'Ordre Teutonique. La maison est flanquée de tourelles et couverte des armes du connétable et des familles nobles auxquelles il était allié.

Sur la promenade de l'Espolon qui borde la rivière, et vis-à-vis d'un pont qui la franchit, Burgos ouvre ses vieux quartiers par une porte monumentale, percée d'une arcade profonde et écrasée. Les deux tours crénelées qui l'encadrent, un peu plus basses que le corps principal de l'édifice, lui donneraient l'air disgracieux d'une forteresse, si la façade tournée vers l'Arlanzon n'était rehaussée par les statues de la Vierge, de saint Michel et de six comtes de Castille. A la première, la porte doit son nom d'« Arco de Santa Maria ».

Bien des rues et des places de Burgos sont singulières par leur irrégularité et leur aspect antique. La « Plaza Mayor » n'est pas la moins pittoresque avec ses arcades basses et ses nombreuses boutiques qui y entretiennent l'animation. L'hôtel de ville s'y trouve ; mais, à l'extérieur, rien ne le distingue des maisons voisines uniformément construites. Au dedans, la disposition en est fantaisiste et compliquée. On nous fit traverser une très belle salle des séances, d'aspect sévère, remarquable par ses boiseries, pour nous conduire dans un cabinet en désordre, que je ne saurais appeler chapelle, bien qu'il renfermât une apparence d'autel ; et là, on nous ouvrit un coffre grillagé, à deux compartiments, contenant quelques tibias desséchés et brisés, des fragments de crânes, des osselets dans une bouteille. O surprise ! Ces restes informes, si peu convenablement exhibés sont, dans l'une des cases, ceux du grand Rodrigue de

Bivar, dans l'autre, ceux de Chimène, son héroïque épouse !

Ah ! vous pensiez, et je me l'imaginais aussi, que Burgos et l'Espagne n'eussent pas eu assez d'or pour élever à leur légendaire demi-dieu un mausolée digne de lui, parmi la foule des tombeaux obscurs qui encombrent les cathédrales. Eh bien ! toute la gloire du Cid Campéador tient aujourd'hui dans une boîte qu'on ouvre au premier venu, et dans une bouteille remplie de poussière humaine !

L' « Audiencia provincial » est un bâtiment tout neuf et par conséquent très banal, dans lequel on ne saurait trouver d'autre curiosité que du papier peint, luxe très rare en Espagne. Les huissiers tout râpés vous font palper les murailles en répétant avec onction : « Papel muy hermoso ! » Voyez quel beau papier ! — L'ancienne Audiencia, située dans la vieille ville, est devenue caserne d'infanterie.

Burgos, en dehors de sa cathédrale, possède un très grand nombre d'églises, aujourd'hui pauvres et délabrées, opulentes jadis, comme en témoignent les vestiges des chapelles particulières et des tombes gothiques enchâssées dans les murailles.

L'une des plus curieuses est l'église de San Nicolas, dont le dénûment général fait peine à voir, mais qui renferme un retable immense, très extraordinaire, avec des rosaces, des reliefs, des moulures flamboyantes, et quelques milliers de statuettes sculptées dans la pierre grise.

J'ai hâte d'en venir à la cathédrale de Burgos, sa vraie richesse.

Je n'aurai pas assez de termes d'admiration pour cette œuvre merveilleuse de l'architecture gothique du XIIIe siècle, celle qui nous donna en France Notre-Dame de Paris et la Sainte-Chapelle. Vue des hauteurs qui dominent la ville (car elle se dégage mal des constructions trop pressées autour d'elle), c'est une forêt de clochetons fleuris, de tourelles, de flèches dentelées, formant comme le cortège d'honneur d'une tour octogone qui s'élève au centre de la croix, et qui n'est d'un bout à l'autre qu'une ciselure ravissante. On l'appelle le « Crucero ».

Si l'on se rapproche de la cathédrale, la façade se montre alors dans l'épanouissement délicat de sa grande rose, de son portail ogival enrichi de statues, et de ses deux tours ajourées comme de la dentelle.

L'intérieur répond à la magnificence du dehors. Une croix latine, trois nefs parallèles, quatre-vingts mètres de long, cinquante-huit de large, telles sont les formes et les dimensions de la cathédrale de Burgos. Elle offre un ensemble d'un style plus homogène que la cathédrale de Tolède, où les chefs-d'œuvre de l'art ont été amassés sans grand souci de l'unité. Au point de croisée de l'édifice, le dôme octogone s'élève à soixante mètres du sol ; et l'on croit rêver lorsque l'œil va se perdre dans les miraculeux détails de sculpture dont le patient ciseau de Philippe de Bourgogne l'a couvert au XVIe siècle.

« C'est un joyau qu'il faut cacher », disait Charles-Quint.

« C'est l'œuvre des anges plutôt que celle des hommes », disait Philippe II.

Le coro, fermé par une grille, occupe le milieu de la cathédrale et en interrompt la perspective. Comme toujours, les orgues y sont placées ainsi que la silleria. Le retable du maître-autel est tout en bois sculpté et incrusté ; et à la voûte de la grande nef, on voit suspendu un étendard de soie blanche, où figure le Christ en croix entouré des saintes femmes ; ce drapeau était celui du roi Alphonse VIII, lorsqu'il gagna sur les Sarrasins la bataille de las Navas de Tolosa.

Une autre curiosité de la cathédrale est un grand escalier double appuyé à l'une des extrémités du transept, et muni de rampes admirables. Fermé aujourd'hui, peut-être pour le sauver des dégradations, il conduisait à un portail que les variations de niveau dans le terrain de Burgos avaient ainsi fait ouvrir bien au-dessus du sol de l'église.

Le nombre des chapelles, élevées à différentes époques autour de la cathédrale, est considérable. Toutes varient de style et de forme, et rivalisent de richesse. Il en est de très grandes comme celle de Santiago, qui sert de paroisse à la cathédrale. Il en est de somptueuses où les voûtes sont nervées, où les sculptures d'albâtre pullulent, où les plus belles toiles des maîtres italiens et espagnols servent de retable.

Autrefois, lorsque quelque archevêque, ou quelque membre illustre des antiques familles de la noblesse castillane passait de vie à trépas, ses héritiers fondaient à grands frais une chapelle de ce genre qui restait leur propriété, et y élevaient, à la mémoire du défunt, quelque magnifique tombeau de marbre blanc. La fondation comprenait l'entretien d'un curé spécial et d'un clergé accessoire. Aussi, comme autant de petites églises distinctes, chacune de ces chapelles, que des grilles de fer forgé isolent de la cathédrale, possède-t-elle dans une encoignure son orgue minuscule, sa petite sacristie et sa silleria de boiserie sculptée composée de quelques stalles.

La plus vaste et la plus belle de ces chapelles funéraires est celle du Connétable. Elle est du style ogival fleuri et fut léguée à la cathédrale, par ce même connétable de Velasco, comte de Haro, le possesseur de la Casa del Cordon, pour servir de sépulture à lui-même et à ses descendants. Comme ces descendants existent encore, la précieuse chapelle, couverte de grands écus sculptés, close par une grille superbe que couronne l'image de saint Jacques, reste fermée aux curieux ; et c'est de loin seulement que nous avons pu regarder les admirables tombeaux en marbre de Carrare du Connétable et de sa femme, placés au centre du sanctuaire.

Dans une autre chapelle, on nous montra au-dessus de l'autel, le célèbre Christ de Burgos, que toutes les églises de la région, et même de l'Espagne entière reproduisent à l'envi. Cette antique et lamentable image est en bois ; on la dit articulée et recouverte d'une peau humaine tannée. Peut-on pousser plus loin le réalisme si cher à la dévotion espagnole ? La tête est penchée, non vers la gauche, mais en avant, laissant tomber tristement de chaque côté du cou de longs cheveux naturels. L'expression de tout ce pauvre corps martyrisé serait saisissante, si on ne l'avait affublé d'un long jupon de satin blanc fixé à la taille, et pendant jusqu'aux pieds qu'il recouvre ! Nos yeux de Français ne sont pas faits à de tels travestissements. Les Espagnols, au contraire, loin de s'en choquer, les recherchent et y trouvent un des éléments de leur piété.

Une cathédrale aussi complète que l'est celle de Burgos, ne peut manquer d'avoir son grand cloître gothique, plein de vieux tombeaux de pierre fruste. Il conduit à la sacristie, belle salle carrée couverte de boiseries fines, et à la salle capitulaire où l'on admire une magnifique toile du Greco représentant le Christ en croix.

Près de là, dans une sorte de vestibule, on nous fit remarquer, accroché très haut à la muraille par des crampons, un coffre de fer tout bardé de serrures énormes, et dont la rouille affirmait la vétusté. La légende prétend que ce coffre appartint au Cid, et que le héros ayant un jour besoin d'argent pour équiper ses chevaliers et partir en guerre, le donna en gage à des usuriers juifs, en les assurant qu'il contenait sa vaisselle d'or. Ils l'ouvrirent et n'y trouvèrent que des cailloux et du sable. Voilà un procédé qui ne me paraît pas relever précisément du domaine de l'honnêteté scrupuleuse. Le roi des chevaliers semble en cette occurrence s'être abaissé au niveau moral de ses prêteurs. Décidément le Cid ne gagne pas à être connu dans sa ville natale, et l'on n'est jamais trahi que par les siens.

Les richesses religieuses que Burgos renferme dans son sein, ne sauraient empêcher le voyageur de faire aux environs une double excursion, à la « Cartuja de Miraflores », et au monastère « de las Huelgas Reales ».

Il n'y a que huit ou dix ans que les Chartreux, par tolérance, sont rentrés à la Cartuja de Miraflores. Ils sont encore, dans le royaume, les seuls religieux de leur ordre. Un frère, ayant appris à bredouiller le français du Midi dans un couvent du Périgord, nous servit de guide. Nous le trouvâmes, en entrant, occupé à distribuer des assiettées de soupe à une quarantaine de mendiants en loques, groupés dans la première cour, et qui hurlaient le rosaire tous ensemble. Le couvent n'est plus bien riche, mais n'en reste pas moins la providence de tout un peuple de vieillards et de femmes qui vit à ses dépens.

Le frère nous guida à travers les cloîtres grands et clairs ; le réfectoire nu, où, les jours de fête, les moines mangent en commun leur pain noir et leurs pauvres légumes bouillis ; les logements des religieux, analogues à ceux de la Grande Chartreuse de Grenoble. Au passage il faisait ressortir quelques vestiges d'un ancien palais royal que le couvent remplaça au XVe siècle.

L'église est une longue nef gothique dont la silleria occupe les deux tiers. Nous vîmes bientôt les Chartreux venir silencieusement s'y agenouiller pour psalmodier de leurs voix graves d'ascètes l'office de trois heures. Le retable fut, dit-on, doré avec le premier or envoyé d'Amérique.

Devant et contre l'autel s'élève un merveilleux mausolée où reposent les restes du roi de Castille Juan III et de sa femme Isabelle, père et mère d'Isabelle la Catholique. Les statues royales couchées sur le sarcophage, sont représentées couvertes de manteaux de brocart, et les ramages de ces riches étoffes sont ciselés dans le marbre avec une rare perfection. Tout ce que l'art gothique transformé par la Renaissance pouvait inspirer de plus gracieux a été prodigué sur ces deux tombeaux. Malheureusement la dévastation des guerres civiles n'a pas plus épargné ce coin de réclusion que le reste de l'Espagne : on déplore quelques dégradations, quelques statuettes mutilées ; mais elles sont à peine sensibles dans la profusion des ornements.

« Las Huelgas Reales » signifient « les délices royales ». C'était le nom d'un château de plaisance que les anciens rois de Castille possédaient à une demi-heure de Burgos, et dans une direction opposée à celle de la Cartuja. Au XIIe siècle, Alphonse VIII y fonda une abbaye d'une espèce particulière, et dont les caractères originaux, malgré leur grande ancienneté, subsistent encore de nos jours. Il la dota de revenus immenses, et voulut que cent religieuses, appartenant aux plus nobles familles du royaume, pussent y vivre en suivant la règle de Citeaux. Las Huelgas font toujours partie du patrimoine royal. Les preuves d'une très vieille noblesse sont requises pour y faire profession : l'abbesse, qui porte la crosse et l'anneau, comme aux temps des grandeurs monastiques, est une duchesse de l'Infantado.

Les religieuses, au nombre de trente, ont l'habit blanc des Bernardines. Mais les rigueurs de la vie claustrale reçoivent pour elles de grands adoucissements : elles habitent, dit-on, des appartements distincts ; leur domestique est nombreux ; deux personnes sont attachées au service de chaque religieuse ; en somme, elles mènent au fond d'une retraite agréable une vie pieuse et oisive qui n'est pas tout à fait exempte de certaines élégances du monde.

Sur un seul point particulier, celui de la clôture, les sévérités de la règle première sont demeurées entières. Aucun étranger, aucun homme, aucun prêtre même, ne peut pénétrer à l'intérieur de l'abbaye. Il n'est fait d'exception que pour les personnes du sang royal. Encore s'il s'en présente une, a-t-on recours à un symbole pour manifester l'importance de cette dérogation à la règle : on abat, pour lui livrer passage, une porte qui reste murée en tout autre temps.

Une clôture aussi absolue ne laisse pas de grandes satisfactions à la curiosité des visiteurs. L'église elle aussi, très singulière avec ses voûtes ogivales, son portail latéral, ses antiques et naïfs tombeaux de pierre, est murée aux trois quarts, pour enfermer complètement l'immense chœur et la belle silleria de bois sculpté où prient les religieuses. Vingt-quatre chapelains se partagent la sinécure de leur service spirituel. Elles ne reçoivent la communion que par des trappes minuscules où la main du prêtre peut à peine passer, et n'aperçoivent l'autel qu'à travers une baie pratiquée dans le mur de séparation, et fermée par une glace et par une grille. Cette ouverture nous permit d'apercevoir les recluses qui défilaient cérémonieusement dans leur royal sanctuaire après la récitation de quelque office.

Burgos marque la dernière étape de notre voyage. Le lendemain 25 avril, nous quittâmes la vieille cité castillane, emportés vers la France par l'express de Madrid.

Les stations de Miranda, puis de Vitoria, précédèrent la traversée des Pyrénées espagnoles, dont la pluie, par malheur, nous gâta les charmants paysages. Bientôt Saint-Sébastien nous montra ses riantes constructions de ville de plaisance, ses bassins maritimes creusés entre les montagnes, et l'Océan.

Puis, saluant d'un adieu ému cette Espagne enchanteresse que nous laissions derrière nous avec tant de souvenirs et de jouissances diverses, nous franchîmes la Bidassoa pour retrouver la terre de France.

Dans cette minute d'adieu suprême, je t'ai revu tout entier, pays magique que le mirage de mes yeux de vingt ans a peut-être idéalisé. J'ai senti refluer en masse vers mon cœur les sensations délicieuses dont tu l'as abreuvé pendant six semaines.

Ces semaines, trop brèves, mais inoubliables, resteront parmi les meilleures de mon existence, hélas! tant attristée depuis. Et en écrivant à ta louange ce livre dont le seul mérite sera la sincérité, je te paie faiblement ma dette de gratitude, ô beau pays d'art et de soleil!

TABLE DES CHAPITRES

		PAGES.
I.	Barcelone	7
II.	Le Montserrat	30
III.	Tarragone	39
IV.	Valence	47
V.	Cordoue	62
VI.	Séville	75
VII.	Gibraltar	113
VIII.	Malaga. — Grenade et l'Alhambra	133
IX.	Porto et Coïmbre	178
X.	Lisbonne et Cintra	202
XI.	Madrid	237
XII.	Tolède	250
XIII.	Madrid et les courses de taureaux	271
XIV.	L'Escurial	304
XV.	Burgos	323

PAR LABEUR
LD

www.ingramcontent.com/pod-product-compliance
Ingram Content Group UK Ltd.
Pitfield, Milton Keynes, MK11 3LW, UK
UKHW020158250726
13967UKWH00003B/1145

9 782012 992016